北京市高等教育精品教材立项项目

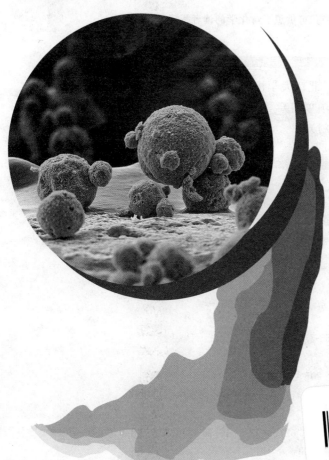

高等院校素质教育通选课教材

寇元 主编

魅力化学

北京大学出版社
PEKING UNIVERSITY PRESS

内 容 简 介

本书由北京大学化学与分子工程学院数名科研和教学一线教授在感悟化学的基础上，以化学的成就与未来、化学的科学内涵两大主题展开，密切联系与生活息息相关的化学物质和现象，对诸如胶体、能源、药物设计、碳纳米管、高分子材料、趣味实验等方方面面进行介绍，在解决"化学是什么"这一问题的同时，也向读者展现了一个丰富生动的化学世界。

本书作为素质教育通选课教材编写，可供想了解化学的读者阅读。

图书在版编目(CIP)数据

魅力化学/寇元主编. —北京：北京大学出版社，2010.2
（北京市高等教育精品教材立项项目）
（高等院校素质教育通选课教材）
ISBN 978-7-301-15958-3

Ⅰ.魅… Ⅱ.寇… Ⅲ.化学－普及读物 Ⅳ.O6-49

中国版本图书馆 CIP 数据核字(2009)第 179165 号

书　　　名：魅力化学
著作责任者：寇　元　主编
责 任 编 辑：郑月娥
封 面 设 计：林胜利　任海成
标 准 书 号：ISBN 978-7-301-15958-3/O·0804
出 版 发 行：北京大学出版社
地　　　址：北京市海淀区成府路 205 号　100871
网　　　址：http://www.pup.cn　新浪官方微博:@北京大学出版社
电 子 信 箱：zye@pup.pku.edu.cn
电　　　话：邮购部 62752015　发行部 62750672　编辑部 62767347　出版部 62754962
印　　　刷　者：北京宏伟双华印刷有限公司
经　销　者：新华书店
　　　　　　　787 毫米×980 毫米　16 开本　11.25 印张　200 千字
　　　　　　　2010 年 2 月第 1 版　2014 年 7 月第 2 次印刷
定　　　价：26.00 元

序

　　"魅力化学"的目标是尝试以一种新的方式来传播化学知识,宣传化学,树立化学的新形象。

　　为了达到这个目的,这本书首先采用案例分析的模式来介绍身边发生的故事,使学生从耳闻目睹的事实来认识化学的魅力,深刻有趣。比如讲到煤、石油、天然气等能源资源,会有南非和德国二战时如何用 F-T 合成解决两国石油短缺的故事;讲到分析化学时,会谈及"9·11"恐怖袭击后受难者身份的确定、兴奋剂的检查等一系列生活中的趣味化学;讲到化学生物学时,自然而然会联系到 2003 年的 SARS 病毒。

　　与案例分析相匹配,"魅力化学"设计了纵横捭阖的教学风格。有丰富的教学计划还不是成功,要让教授们一展身手,把这些丰富的内容生动地、活灵活现地讲出来,才会形成所谓的文化风。把课程风风光光地"卖出去"也成了教授们的必修课。我们的感慨就是,有素质上整体发展的教授,才会有素质上整体发展的学生,然后才会有具有文化、高素质的综合大学。

　　结合我从 2003 年参加"魅力化学"课程教学的体会,采取多种形式让学生参与,也是这门课程的一个特色。比如增加听课的学生与老师们的互动,他们将听课的感受和意见及时反馈,起到了对课程的促进作用。

　　讲座上,老师们论述了化学未来的发展,如分子层次化学和未来的碳芯片等。分子以上层次的化学是一个化学等领域科学家们可以充分施展才华、发挥重要作用的领域,并将成为化学研究的重要学术生长点。正如我国著名的化学家王夔院士在《新层次化学》一文中指出的:只要从分子—原子层次上升到分子以上层次,就会有一种天外有天、豁然开朗的感觉,会发现几乎任何一个化学分支都可以找到它能够发挥而且不可缺少的作用。

　　碳纳米管芯片与硅芯片之争尚刚刚开始,鹿死谁手远未见分晓,而时间则是最好的裁判。就当前的发展趋势而言,碳纳米管和石墨烯芯片研究风头正劲,这种"碳芯片"寄托着人们无限的希望。而最后碳纳米管芯片和石墨烯芯片无论哪一个脱颖而出,化学家都将是赢家。因为从制备到分离乃至加工组装都离不开化学,化学的魅力将在未来的"碳芯片"中得到充分的体现。

书中还有一些趣味性的小故事让人读后回味无穷,如化学如何改变人类的出游方式。历史上秦始皇出巡,前呼后拥的那叫一个威风。可惜即使乘最快的马车,从咸阳去泰山游历一圈也得数月。说秦始皇是远一点,那说个近一点的,拿破仑征战欧洲也是全凭马车,士兵们都凭一双腿。那真是"行军基本靠走,通讯基本靠吼,反恐基本靠狗"。而如今,人类的生活发生了巨变,化学让石油、煤、天然气变成了汽油、柴油和航空煤油,人们乘飞机、火车、汽车环绕地球只要几天时间就能实现了。

还有一个"老人"在英国伦敦的池塘里倒了一勺油的故事。1765 年,富兰克林(Benjamin Franklin)在英国休假的时候,因不堪池塘水面因大风所造成的波浪对下榻小木屋的袭扰,他将不满一茶勺(约 4 mL)的橄榄油倒在水面铺展成膜,立即使约三亩的水面在大风天波浪平服。"它令人吃惊地漫延开去,一直伸展到背风的岸边,使四分之一的池面看起来像玻璃那样光滑。"而且,加再多的油就不再铺展,而是在水面上形成漂浮的油珠。细心的富兰克林在问题解决后,认真地记录了相关的过程和使用的量,并就这个现象,在 1774 年向皇家协会宣读了他的论文。这成为人类历史上第一个明确记载的单分子膜!于是这段富有戏剧性的事件受到了广泛的关注,拉开了人们对不溶物单分子膜研究的大幕。

读完这本书后,我感觉应该使其尽快付梓出版。我想,不管高中生、大学生或者研究生,甚至还包括专家学者们都值得拥有一本作为参考。

闵恩泽

中国科学院院士

中国工程院院士

2007 年国家最高科学技术奖获得者

前　言

　　牛顿时代建立的物理学现在被称为经典物理学。其后到了迪拉克、爱因斯坦时代，提出了量子论和相对论，人类对世界的认知开始走向宇宙。实际上，经典物理学已经解决了人类生活现代化所面临的绝大多数原理问题：从建筑到机械到交通到航天，迄今起指导作用的还是经典物理学。

　　与经典物理学相得益彰的另一个领域是化学。虽然不断有人希望在物理学的基础上理解或设计化学，但从目前的情况看，这种理想的前景还很遥远。而化学的重要性，甚至我说它和经典物理学相得益彰，就在于它解决了物理学没能解决的另一半问题：物质。今天的化学已经解决了人类生活面临的绝大多数物质问题：从吃、穿、用到小资小康，靠的是化学(和化工)。

　　物理学的奇妙之处在于它的高度预见性，$F=ma$，$E=mc^2$，一个公式就可以搞定天下一大片！数理分析甚至可以指导经济决策、政治决策！而化学的奇妙之处似乎和物理相反，化学的奇妙之处在于它的不可预见性，合成氨，高分子，冷不丁搞出一个东西就改变了世界。我在这里这么说，有人可能会认为我说的太简化因而太片面，如果有的话欢迎大家参阅本书相关章节后批评/板砖伺候。但我之所以大发宏论，是因为我真的觉得自然科学非常有趣，非常丰富，非常感动我。我自己在作前沿研究，因而时而生活在现实中，时而又处在梦幻之中：自己被自己感动都不知多少次了。如果有一批科学家能把他(她)自己经历的故事讲出来，把他(她)经历的喜悦沮丧和盘托出，这些曾经感动过他(她)自己的故事肯定能帮助甚至感动我们的学生。理性的思维应该在大学校园内得到更广泛的传播！

　　七年前，也算是机遇吧，化学学院的院长们决定把开设"魅力化学"的教学任务交给我。七年中，我尽了力，如今又有了这本小册子，我想我是"较好地"完成了这一任务。谢谢和我一同"出山"的历届主讲教授们！

　　谢谢历年选课来听讲的学生们！这些学生实在是让我又感动过好几回：积累下来总有上千名学生听过"魅力化学"了吧？但我似乎记得其中的每一位，尽管大半叫不上名字！为了表达我对这些学生的喜爱和祝福，我特选了几篇学生的期末小论文附在本书的后面。优秀论文太多，限于篇幅只选了这几篇，大家多原谅呀！

　　谢谢历届的秘书们，他（她）们是：杨雅立，刘卉，赵晨，范小兵，甘维佳，刘凌涛，苑晓。

　　谢谢 BASF（中国）公司的资助和公共关系经验方面的传授。

寇　元

精 彩 文 摘

21世纪的化学,宏观上将是研究和创建"绿色化"原理与技术的科学,微观上将是从原子水平上揭示和设计"分子"功能的科学。可以想象,就像传统的化学满足了人类日益增长的物质需求一样,未来的化学,也会朝着满足人类希望维持和改善自然环境这一良好愿望的方向发展。

化学成为许多新兴学科和技术的基础,同时其自身不断创新,也将引领许多工业行业的不断创新。节能汽车,节能房屋,清洁化工产品,无污染无味涂料,安全玩具,更舒适的服装……随着化学化工的不断创新,相信会给人类带来更多有利健康、有利环境、有利生态的各类产品。没有化学,就没有五彩缤纷的生活;没有化学,就没有高质量的生活。

"责任关怀®",是近年来化学工业以可持续发展为导向的一种创新,也是现代化工发展的方向。"责任关怀®"是针对化工行业的特殊性,由化工行业自发采用的一种自律行为,主要是不断地改善化工生产中,包括在环保、安全与健康三方面的表现。

我国是一个液体燃料严重短缺的国家,现在我国使用的一吨油中已有半吨需要从国外进口。为了改变这一现状,科学家和企业家正在合作,希望能将我国相对丰富的煤通过一系列化学反应转变成油品,这就是我们通常说的"煤变油"。

从长远看,石油/天然气资源的枯竭是早晚的事,因此合成气制甲醇是未来最有可能替代油气资源,实现由煤制取液体燃料的有效途径之一。此外,如果能利用纤维素中的糖分制取乙醇,一方面解决了原料的来源问题,不会与人类"争食",

另一方面又利用了乙醇能源清洁、可再生的优点。

从生物质出发实现其能量的传递和转化,其本质是利用植物通过光合作用对太阳能的合理利用。化学家也一直希望通过化学的转化过程实现对太阳能的转化和储存,其中利用太阳能光解水一直引起科学家们的热切关注,成为新一代物质转化的核心之一。

开发利用生物质能要实现"简约、节能、方便可行、环境友好"。又因能源涉及国家安全的核心利益,这就要求研究者实现从源头上的创新,发展有自主知识产权的,未来能在国际上与人抗衡的独有科学概念和技术路线。乐观地说,生物质能的开发利用在欧美也只是近几年的事,如果我国能集中精力办好这件大事,我们就有可能在未来的国际能源竞争中摆脱数十年来的被动局面,其意义不可小视。

关于二氧化碳的治理,目前除了进行海底或地下封存以外,通过回收和化学转化是对其进行有效利用的另一个重要途径。但二氧化碳本身又是一个十分稳定的分子,因此探索如何实现对惰性二氧化碳进行活化并转化为其他有应用价值的化学品,是实现其作为一种重要碳资源进行利用的根本出路。

人类社会的进步常常是以新材料的出现为标志的。有史以来,人类已经经历了石器时代、铜器时代和铁器时代。我们目前正处在一个"硅器时代"。在硅器时代,化学家只能充当配角,尽管微加工工艺流程中也涉及各种化学过程。然而,在未来的碳芯片时代,化学家可能担当起主角的大任,因为未来的碳芯片可能是高温炉中烧出来的,甚至可能是烧杯里组装出来的。

大家可能都会想过这样的问题:到底什么是生命? 生命体与非生命体有什么本质的差别? 其实这些问题在人类科学史上已经有过长期的争论。如果我们分析一下生命体的构成,就会发现,奇妙的生物世界是由化学分子构成的,构成生命体的细胞遵循着物理和化学的规律。

Karger 教授曾经预测，未来 50 年内人类将攻克癌症治疗的难题，根治心脑血管病的药物也将问世，人类的平均寿命将延长至 150 岁！为了实现这些伟大的目标，包括分析化学在内的化学研究将继续扮演关键的角色。

也许我们走进某个科研领域，是由于相关学科自身的魅力，而很多人告诉我其实他们最初接触到的相关学科的人（主要是启蒙老师）的个人魅力对他们影响颇深，这更加让我们认真考虑教师全面素养对教育本身的意义。另外，值得一提的是，Langmuir 在获得诺贝尔奖之后，在名、利都达到令人羡慕的成功之后，他仍然以自己坚持的生活态度在 18 年后再创惊世之举。其终生奋斗的经历使得很多人（包括我在内）在汗颜之余，应该再度认真思考所谓"享受生活"的真正意义所在……

巴斯德的发现当然有偶然的因素，但也有其必然。人们常说机会只照顾有准备的头脑，巴斯德对科学研究的热情和执著，细致的观察力以及不受前人思想束缚的天性是促成其发现的重要原因。

夏普雷斯总把他的研究比喻为钓鱼，在他的诺贝尔获奖演讲中有这样一段话："渐渐地我喜欢上了大海，并且迷恋上了钓鱼。但我和大多数渔夫不一样，我不太在乎所抓鱼的大小和多少，而是更注意它们是否珍稀。没有比从水里拉上来一种神秘的甚至未知的生物更激动人心的事情了。"这或许就是科学家应有的境界吧。

目　　录

四个尺度上的化学世界

寇 元

一、化学的起源

人类对自然的思考遂有了物理,人类对自然的崇拜(特别是对力的崇拜)遂有了机械,人类对自然的需求遂有了化学。

人类很早就意识到了化学的巨大威力。想象一下,在数万年前的某一天正午,天上的雷火点燃了枯木,原始人发现熊熊燃烧的火焰释放出温暖……文明的火种就此传播。当时的人类当然不知道这一现象源于树木与氧气发生剧烈的燃烧反应。虽然钻木取火的故事流传了数千年,但真正搞清楚燃烧反应的原理却是两百年前的事情。提到人类有意识地利用化学原理进行规模化的生产活动,可能就要说到公元前的青铜器时代了。人类的祖先将树木制成木炭,然后用木炭与矿石炼制高纯度的金属。现在我们知道,制炭的过程叫干馏,木炭炼制金属的过程叫还原,这些都是典型的化学反应。

人类的祖先,不管他们是居住在古埃及、古希腊还是我们先秦的华夏,很早就掌握了近乎完美的炼制技术,先是炼铜,后来炼锡,再后来,很久以后,是炼金。炼铜炼锡是为了做农具造兵器制铠甲,炼金则是为了发财。欧洲有一度炼金十分火热,19世纪初,当欧洲的科学家们发现元素会衰变并改变种类的时候,炼金术士的生意曾一度达到高潮,不少人从这一科学发现得到的推论是,原来"点石成金"真的可以!直到后来,他们才认识到这一原理更适用于制造原子弹。我们中国也有自己的特色"学科"——炼丹术。中国的炼丹曾火热了千百年,目的是希望长生不老。古人很早就认识到不同物质的性质特性,他们看到生物总会腐烂,而金属却永葆璀璨,因此向往着能够通过服用含金属的"丹药"把血肉之躯改造成金刚不坏之身。非常遗憾的是,他们中的许多人

图1 钻木取火

不仅没有长生不老，反而因为重金属中毒而饱受摧残……

所以从化学的诞生起，化学就和人类的需求密切相关。炼金炼丹的"术士"实际就是最早的化学家。从"江湖术士"这个词儿你可以感觉到，我们的老前辈们对自然中孕育的化学是多少有点不屑的！而大概正是因为中国古时候重文轻术的文化，这些炼丹家们积累的化学知识并没有得到系统的发展，正是在中国人还在炼丹的那些年，现代意义上的化学在欧洲发展起来了。

图 2　现代日化用品

有机化学、无机化学可能是最早的化学学科。当然，你可以说中国人千年前就掌握了纤维脱色造纸、混合配方生产火药等，甚至可以说它们是早期的化学化工一体化或交叉学科互相促进。但这些经验的、祖传秘方式的传承和发展还不是科学。作为科学，化学的诞生是以明确提出元素、分子、有机和无机等概念为标志的[1]。

也许早期有某些化学家纯粹是因为个人爱好来研究化学，但是从化学的发展历史上看，推动它不断前进的驱动力是人类的需求：从洗洗涮涮，到酿酒，到火炮，到制药……，为了满足日益增长的物质和文化需求，人们认识到必须破解化学物质和化学反应中的奥妙，与此同时，他们也享受着其中的魅力和财富。

二、化学的成功

现代化也罢小康也罢，这都是工业化的贡献。

从远古到近代再到现代，在人类社会脱离贫困和疾病的困扰，逐步走向富足和安康的历史过程中，化学发挥了不可替代的作用。

例如大家都知道的合成氨，可以算做化学对人类的最大贡献，它帮助人们解决了吃饭问题。如果不是在 20 世纪初发明了工业合成氨的方法，人类的生息繁衍就遇到大麻烦了！为什么？没有足够多的肥料，就不能生产足够的粮食供养这么多的人口。我们都知道，蛋白质是由氨基酸组成的，每个氨基酸里都有氮元素。万物生长都需要氮元素，各种动物，包括人类，都是从食物中获取氮元素。那么，在食物链底层的植物怎么办呢？虽然空气中氮气含量很高，但是氮气是很稳定的分子，非常难活化，所以很难与其他物质生成化合物。有些植物，比如大豆、马铃薯都有丰富的固氮菌，但对于精耕细作的粮食作物，比如水稻，固氮菌提供的氮元素远远不够。

为了寻找固氮的方法，化学家探索了将近一百年。从 19 世纪初开始，一直到 1905年，终于，德国化学家 Haber（哈伯）在实验室内找到了在很高的压力下（相当于 $100\sim300$ 大气压）用氮气和氢气直接合成氨的捷径。氨再经过一些简单的反应就可以制成碳铵、尿素等化肥。哈伯也完全清楚这一发明的伟大意义。他联系了一家公司希望把他的发明工业化,而这家公司也给了他全力的支持。百年以后这家公司成为世界最大的化学工业公司——巴斯夫(BASF)。从此,源源不断的氮肥从工厂走向田间,世界的粮食产量自此有了成倍的提高。第二次世界大战后的 1950—1996 年间,世界粮食总产量翻了两番,粮食生产量的增长率始终高于人口出生率。大概是在 1980—1990 年间,全世界基本达到了粮食的供求平衡,人类从整体上脱离了饥饿的威胁。然而,关于合成氨反应的研究还远远没有结束……

图 3　合成氨工厂

化学的第二大贡献是促进合成药物的发展,帮助人们对抗疾病。举个抗病毒的例子。在人类繁衍的历史上,瘟疫一直是个威胁。所谓瘟疫,就是大规模的传染性病原体在人群中扩散。远的不说,就说 20 世纪初在欧洲爆发的西班牙流感,就夺去了上千万人的生命。百年之后的今天,世界各地又陆陆续续爆发了禽流感,可是再没有造成巨大的人员伤亡。为什么?因为人类有了抗病毒的药!就在 50 多年前,肺结核还是不治之症,一旦得了,立马隔离,有条件的好吃好喝熬着等死,说起这些,长辈们那恐怖的描述至今让我记忆犹新。比如鲁迅的小说《药》,曾描写当时的人们迷信"血馒头"可以治疗肺痨(即肺结核),可小说里的病人虽然吃了血馒头也还是难逃一死。

现在呢?自从有了链霉素,结核病就能根治了。前不久我看一个电视节目,说是长臂猿有病的时候会选择性地吃某些植物,然后病就可能好了。这当然很有意思,大概我们人类的老祖先驱病的方法与此差不多。但这又能救治多少人呢?只有在人类实现了药物的批量生产之后,人类在应对大规模、超大规模的流行性疾病方面才有了厉害的武器。青霉素的发现正值第二次世界大战,当时就拯救了很多伤员的生命。直到今天都发挥着巨大作用。这就是化学的巨大成就。

化学同样改变着人们的生活方式。历史上讲秦始皇出巡，前呼后拥的那叫一个威风。可惜即使乘再快的马车，从咸阳去山东泰山溜达一圈也得一年半载。说秦始皇是远了点，那说个近一点的，拿破仑征战欧洲也是全凭马车，多少万的士兵都凭一双腿。那真是"行军基本靠走，通讯基本靠吼，反恐基本靠狗"。细想起来，多么艰辛呀！从秦始皇到拿破仑，大概过了1400年，其间人类的生活品质提高得很慢呀！没有汽车飞机，全凭双腿和牛马。有一本世界名著，

图4　世界名著《八十天环游地球》

叫《八十天环游地球》，描写欧洲的一个爵士和朋友们打赌，能够在80天内环游世界一圈。最后因为他向东行走，由于时区的原因才勉强践约。而现如今呢，化学让石油、煤、天然气变成了汽油柴油航空煤油，人们坐着飞机火车汽车满世界地跑，人类的生活发生了巨变，环绕地球只要几天时间就能实现了。

有一个歇后语叫"挖耳勺炒芝麻——小股的油"，用来描述作坊式的化学品生产十分形象。人类的发展需要农药肥料，需要抗生素，需要燃料油，可单凭一个小作坊，每天生产那么一点点，什么时候才能满足大众需求？化学提供了农药和肥料而解决了人类温饱，化学提供了医药使人更健康长寿，就这两条加起来，世界人口就翻了番。每个人都要吃，都要穿，要旅行，都要消费！每个人都在追求个性化的生活，这么巨大的物质需求如何解决？这就需要工业化的生产方式。

"四个尺度上的化学"这个概念，可以从时间和空间的尺度上解读化学在现代社会的地位和状态。

图5　化学工厂

第一个尺度,时间上是年,空间上是千米。

现代化的化学工厂占地数(或数十)平方千米,塔楼林立管线纵横,现代化的反应器气势宏伟,每年的生产量以万吨计是小的,以十万吨百万吨计就算正常,以千万吨计的也不稀奇!占地以千米计,产量以万吨计,时间以年计,这就是现代化学工业的大"尺度"。

在这个大尺度下,在这个工厂的尺度下,反应器是核心。一般我们把这些反应器称为反应塔,它高高大大的,小的也有几层楼那么高。塔的尺寸(占地和高度)以米计,例如说塔高十几米;产量以日计,例如说日产多少百吨多少千吨,所以反应塔的尺度落在米和日的范围,这是第二个尺度。

图6　反应塔

别看这些塔高高大大,管路交叉纵横极其复杂,究其要害之处,其实就是一纸配方!

反应塔的内部装了些什么呢?这就说来话长了。反应塔有很多种,有蒸馏塔,有冷却塔,有真正的反应塔,最多的是些催化反应的反应塔,内部发生各种各样的催化反应,如加氢、氧化、烷基化,等等。反应不同,反应塔内部的结构也就不同。反应还有发生的方式问题,有的是气体进料,有的是液体进料;有的塔里有填料,有的没有填料,等等。这是一些非常复杂的工程问题,专业上就叫做化学工程。化学发展至今,取得这么大的成就,化学工程功不可没!是化学工程使化学走出实验室实现了工业化。从化学工程的角度看,塔的内部的设计都是以毫米计,以分、小时计的,这就是说,在尺寸的度量上尺度是毫米,在时间的度量上尺度是小时或分。这里我们又明确了一个更小一点的尺度。

如果我们以时间为纵坐标,以长度为横坐标,我们就可以把上面交代的尺度标在坐标上了,得到图7。沿着长度我们可以看出,随着工厂、反应器走到塔的内部,我们经历了千米、米和毫米的尺度。沿着时间我们可以看出,随着工厂、反应器走到塔的内部,我们经历了年、日和小时(分)的尺度。沿着这两个尺度再往下走,我们进入的是纳米和秒、毫秒、纳秒的尺度,也就是说,以纳米观测长度,以一瞬间的秒和纳秒观测时间。这是一个什么世界呢?这就是真正的化学世界:分子的世界!化学家在这里寻找分子,观察分子,研究分子间的反应,创造新的分子,造福人类。合成氨、青霉素、汽油、柴油的生产奥秘都可以在这里找到。所以说要害之处其实就是一纸配方!

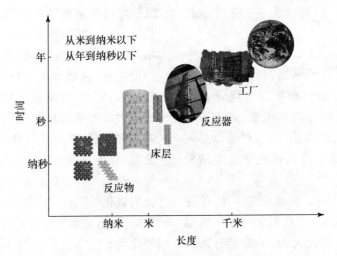

图 7　破题：四个尺度上的化学

这四个尺度的化学,也对应着人们对化学不同层次上的理解。对于普通大众,看到的是化学工厂,是化学产品。工厂的工人,关心的是塔的运转和维护,每天关心的是反应塔的工作状态。化学工程师们关心的是反应器的设计,如何实现最有效的能源利用,优化反应条件。而化学科学家们,则专注于研究化学反应的历程,如何透彻地理解化学反应的本质,设计反应历程。

化学为人类贡献多多,帮助人类脱离了饥饿和疾病,又帮助人类过上了有品位的生活。现代人不都是很追求品位么? 高容量的电池,大屏幕的液晶,生活中姹紫嫣红的洗面奶、护发素、防晒霜。个人消费品的各大品牌间争芳斗艳,在电视报纸传媒上粉墨登场,热闹非凡。其实背后都是化学家的创造性劳动在支撑。

化学学科对现代社会的贡献是依靠化学反应实现的,是通过化学反应和反应的组合,即工业意义上的"过程"向社会提供丰富多彩的产品实现的。过去的一个世纪,新反应和新过程的开发带动了化学学科对反应的研究,有机合成、石油化工、精细化工、化肥和染料、药物合成、材料化学等各领域因人类物质需求的提高与扩大而得以高速发展,化学学科对人类的贡献集中在建立了当代文明社会的几乎全部物质基础。

三、化学的形象

人类可以追求回归自然,但不可能返回远古。在涉及人类与生态、环境的矛盾中,这可能是最根本的。

最近我见到美国国家科学院印发的一个宣传材料,介绍身边的化学。我上面讲的也是身边的化学,但是些传统意义上的身边化学,吃呀,用呀,行呀,等等。看了这个材料,我就感到很贴切我的题目,对我们的讨论是个很大的补充。这个材料的题目是《可视化学》,大多是化学原理在高新科技产品中的应用,其中一些例子是通过"化学成像"来看世界,我选译了一部分在下面供大家欣赏。

　　一图胜千言,也胜过一千个数据。对人类的眼睛来说,图像包含了最多的信息。我们都很爱看照片,无论是纸张的还是数码的,那些照片储存着眼睛可以感受的东西。但世界上还有许多肉眼不能直接看到的东西,现在也能被我们"看"到。比如,X 射线并不是真正地"看"到骨头,而是和骨头相互作用产生了一张骨密度图。类似的,通过更精致的制作"化学图像"的方法,我们可以追踪单个的原子,不论它是在化学混合物中,还是在一个细胞或是在一个硅片上,甚至可以知道这个原子是怎么运动的,以及它与周边环境的作用。

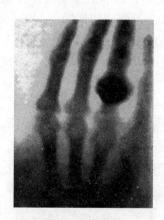

图 8　X 射线图

　　化学图像是样品和反应的可视化。与之相关的各种技术建立在光、射线和探针与样品相互作用的原理上。这些相互作用能够在空间三维、时间尺度上获取样品的资料,

从而揭示其化学组成,或者一个分子中原子间的振动,以及样品中复杂的原子是怎么组合的等等信息。这些数据集中起来就形成了大多数情况下是数码的图像。

　　很多人也许不知道,在医院里接受治疗的过程也是"化学成像"的过程。X 光技术是很常见的诊断手段,自从第一次世界大战就被用来诊断伤病[2]。时至今日,各种各样的成像技术也逐步成为标准诊断工具,比如核磁共振(NMR)、超声波(US)和正电子放射层扫描术(PET)。这些都给医生诊断病情提供了可视化的"照片"。1946 年,Felix Bloch 和 Edward Purcell 发现,在强磁场中用电磁波轰击氢原子,氢原子中的未成对质子会产生可测的核磁共振(NMR)信号。1950—1970 年,NMR 被用来分析分子。1971 年,Raymond Damadian 发现正常组织和肿瘤的核磁弛豫时间不同,促使科学家们考虑将核磁共振技术应用到医疗诊断中。不同于 X 光技术,NMR 的优点是不会对病人肌体造成伤害,它利用强磁场中电磁波激发身体中含有的质子——或者说是与之"共振",共振频率的大小提供了身体组织的信息。20 世纪 70 年代,研究者致力于缩短 NMR 成像时间。到 1986 年,人体组织的 NMR 成像时间缩短到 5 秒。2003 年,NMR 迅速发展壮大形成了规模,全世界有接近一万台核磁设备,每年要完成 7500 万次扫描任务。图 9 是一张核磁共振成像图,对比了健康人和患者大脑的活跃性。

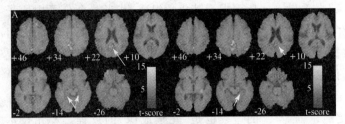
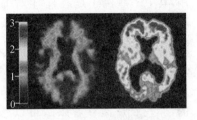

图 9　核磁共振成像图　　　　　　　图 10　正电子放射层扫描

图 10 是病患者大脑中的淀粉状色斑，这是通过正电子放射层扫描得到的。正电子放射层扫描（PET）是一种直接获取物体内部断层图像的技术。病人首先被注射短寿命的放射性同位素，这些同位素进入人体后放射出正电子，被扫描器监测到形成整体图像。

这个材料里还有不少有趣的例子，如太阳能电池、燃料电池和充电电池，生命过程，微电子技术和先进材料，等等。

我猜想美国国家科学院印发这样的宣传品，也是为了通过科学普及来维护化学的形象。在 20 世纪，物理学家们在普通公众中声名鹊起。21 世纪，生物学家们也崭露头角。然而默默劳作的化学家们，似乎不太懂得宣传自己，于是化学的形象也变得孤僻，不近常人，难免让人产生误解了。那么，宣传化学，普及化学知识，让更多的人理解化学，热爱化学，维护化学的声誉和形象，这对于化学学科发展的作用是不可低估的。

维护化学的形象实际是个全球性的问题。

进入 21 世纪后，环境和生态问题进入了人类的视野，绿色、环境友好成了新的时尚。人们在解决了温饱，享受着有品位的现代生活的同时，有时也会大发感慨，埋怨化学，认为是化学带来了环境污染，破坏了生态平衡。这些埋怨果真很有道理？这真是

个仁者见仁智者见智的问题！人类可以追求回归自然，但不可能返回远古。在涉及人类与生态环境的矛盾中，这可能是最根本的。人类可以并正在试图在生产生活与生态环境间创造一种平衡，一种极大地减少对自然的损害甚至适当地反馈自然以达到人类与自然和谐发展的平衡。然而这种平衡不是可以信手拈来的。人类在享受着化学提供的高质量的物质文明的同时，也需要承担其相应的责任。否则，整个地球的生存环境将日益恶化。而掌握了化学知识的化学家们和从事着化学生产的工业界在引导人们认识这一问题的严重性方面责无旁贷。感受到公众的关注，化学家们也在尽自己的努力，从化学工业的生产源头上，减少对自然环境的影响，化学界因此提出了绿色化学的新目标。

四、化学的未来

21 世纪的化学，宏观上将是研究和创建"绿色化"原理与技术的科学，微观上将是从原子水平上揭示和设计"分子"功能的科学。

化学的未来是绿色的。当人类的目光不仅仅落在物质享受上，更多地关注起自然

环境以后,科学家们将把精力投放在提供更绿色的生产过程上(实际上,目前绿色化学已经备受关注了)。可以想象,就像传统的化学满足了人类日益增长的物质需求一样,未来的化学,也会朝着满足人类希望维持和改善自然环境这一良好愿望的方向发展。未来的化学,不仅仅是生产高品质的产品,更要追求高环保、低能耗的生产方式。

未来的化学也将朝着更细微、更透彻的方向发展。当初人类利用着火种,却不了解其中的原理,而在化学发展了数百年之后,人类已经可以利用特种燃料,将火箭送上太空。人类利用合成氨技术提供了全世界赖以提高粮食产量的肥料,但却不完全了解其中的奥妙所在,我们期待着在原子水平上揭示这一原理之后,能发掘化学原理更大的威力。

另一方面,在人类希望了解自身的探索过程中,人们发现化学也是生命现象的基础。如何通过利用化学知识来模拟生命,模拟自然,也是未来化学发展期待的目标之一[3]。

历史学家常用当时人类利用的材料来划分历史,比如青铜时代、铁器时代等。可见新材料对人类社会的发展所起的巨大作用。每一次新材料的诞生总能引起人类社会的巨大变革。就像塑料,你能想象没有塑料的现代社会吗?看看身边的任何一样器件,水杯、文件夹、键盘、手机、食品包装盒、CD……从来没有一种材料,能像塑料这样广泛地应用到生活的方方面面,因此,称 21 世纪为“塑料时代”怕也不为过。而塑料完全是化学家们创造的新物质。最普通的塑料聚乙烯,就是将 n 个乙烯单体聚合起来,气体形成了固体,这是化学的魔术。从古至今,人类从来没有停止过对新材料的探索和研究。化学是一门充满创造性的学科,化学家们设计和创造新物质,在未来,更多奇妙的材料将从化学实验室走出来,走进现代化的工厂,走进千家万户,为人类提供更丰富多彩的原材料。借助化学的魅力,建筑设计师们、个人消费品设计师们,能有更大的空间更自由地发挥他们的聪明才智。

化学是一门中心学科。化学之所以成为中心学科,是因为它与其他领域的结合,往往能诞生一门新的、振奋人心的交叉学科。比如计算化学,在药物设计方面显示出强大的生命力。化学家们把所有已知化合物的资料集中起来,编录入库。在寻找某一个蛋白质的抗体的时候,只要用计算机来模拟各种化合物与它的作用,就可以筛选出一批有希望成为特效药的化合物。这就好比开启一把未知的锁,我们如果有了巨大的钥匙库,只要我们选出其中口径、样式与未知锁相配的那些钥匙就行了,其中的一把一定能打开这未知的锁。

道家说“道生万物”,化学也有其道,那就是量子化学,将纷繁的化学物质具体抽象出来,通过将物质的性质数字化,可以在计算机上模拟原子间的相互作用。原则上,如果物质的确遵守我们在计算机里输入的规则,那么我们就可以精确模拟化学实验。这个“化学实验”的一切反应细节都可以由计算获得,而且还能提供实验室里无法直接获取的信息,如反应物是怎么活化的,过渡态是什么样的,等等。未来,将有更多的化学家们走进机房,在计算机上“做实验”。

从某种程度上来说,化学家们都童心未

泥,热衷于搭建积木。充满好奇心的孩童,希望用简单的几何形状来搭建房子、汽车、床、机器人。化学家们也是如此,他们可以搭建出足球烯、碳纳米管、树枝状高分子、囊泡……只不过他们手中的积木是一个个原子,而他们更具野心,希望能将这些设计出来的分子、高分子、纳米器件,应用到航天、汽车、医药、计算机、涂料、催化等各个行业中。

五、化学的教育

化学的未来,不仅仅在化学家的手里,更在全人类的手里。

前面说过,维护化学的形象是个全球性的问题。这个问题要分几个层次,一个是公众层次上的形象,一个是在大学新生们中的形象,还有一个就是在年轻化学家们心中的形象。在公众层次上,提起化学就想到污染;对大学新生,一提化学就想到瓶瓶罐罐;而对年轻化学家,提到化学就以为是做些高深的论文,摆弄些反应式。长此以往,化学就被误读了。

解决这些问题的钥匙是化学的教育。在化学界,化学教育的几十年一贯制是个老问题。老问题也经常遇到新挑战,例如咱们的"魅力化学"。"魅力化学"的目标,也是尝试一种新的方式来传播化学知识,宣传化学,树立化学的新形象。

化学是一门专业性很强,且对人类享受的现代文明有决定性贡献的科学,但在化学与公众的关系上,化学人,尤其是身在大学的化学人却缺乏有效的沟通方式和手段。BASF(巴斯夫)作为世界顶级的化学品公司,数十年来强调化学家与公众沟通,倡导"Responsible Care"的理念,帮助在前沿化学领域研究和工作的化学家们学会与只有高中化学知识的"公众"进行直接对话,"魅力化学"的成功便是其中一例。

理科院系面向全体学生而不仅是理科生开设通选课是有一定难度的。近年来当各种经济的、管理的、社会科学及IT的论坛和讲座在校园里争奇斗艳时,化学却显出"曲高和寡"的无奈。现在,"BASF-魅力化学"课程受到学生们的欢迎,课程限选人数从以前的120人增至200人,课程评估在北大一直稳居前列,显示了"BASF-魅力化学"的人气和声誉。实际上像魅力化学采用的"案例分析"这种教学模式国内外都有实践,也发生过一些有启发的故事。

2002年,美国化学会会刊《化学与工程新闻》(*C&EN*)发表了《一次教学改革的经历》的文章[4],受到了美国化学界和教育界的广泛关注。事后,很多人,大部分是大学的化学教授,纷纷给编辑部写信,发表各自的看法。事件的起源是发生在美国杜克大学的一件寻常事:邦克教授要退休了。邦克教授教了四十年的普通化学,以致杜克大学的学生们称普通化学为"邦克学(Bonkistry)"。借邦克教授退休之机,该校化学系主任西蒙想对原来的教学方法作些变革。(这个故事我翻译了一下,作为附件放在文后。)

在我们酝酿"魅力化学"的授课方式时,西蒙坚持教学改革的故事深深影响了我们。虽然改革后的案例分析课程受到不少学生的抱怨:这门课自身缺乏一定的连续性,多位教师不同的教学和考试风格也让人无所适从,但是案例分析这种教学模式所具有的内容丰富多彩、知识新鲜独特的特点,非常适合"魅力化学"教学的基调。几年的教学实践证明,案例分析的引入极大地增加了课程的趣味性和知识性。"魅力化学"讲述的是身边的化学。教师都用特别的故事来引导学生们的思路和兴趣。比如讲到能源中煤、石油、天然气等重要的战略资源时,会有南非和德国二战时如何用 F-T 合成解决两国石油短缺的故事;讲到分析化学时,会谈及"9·11"恐怖袭击后受难者身份的确定,以及兴奋剂的检查、青铜器的鉴定等一系列生活中的趣味化学;讲到化学生物学时,自然而然会联系到 2003 年发现的 SARS 病毒。我们为"魅力化学"安排了非常丰富的教学计划,具体的课程安排参见表1。专题讲座的形式吸引了好学的当代学子的目光。"魅力化学"课程汇集了北京大学化学学院中物理化学、有机化学、分析化学、高分子化学等各学科的最强师资力量,这些学科的杰出教授们给学生们准备了精彩的化学文化大餐。

与案例分析相匹配,我们为"魅力化学"设计了纵横捭阖的教学风格。丰富的教学计划还不是成功,要让教授们一展身手,把这些丰富的内容生动地、活灵活现地讲出去,才会形成所谓的文化风。大家都知道,教师最头疼、最尴尬的莫过于能容 200 多人的教室稀稀拉拉地坐着几十个无精打采的学生。因此,把课程风风光光地"卖出去"也成了教授们的必修课。我们鼓励教授们充分发挥自己的风格和想象力,或诙谐幽默或深刻耐人寻味,让同学们感受到化学知识以外的化学文化内涵。

实际上,杜克大学教学改革的失败很大程度上是忽视了学生的参与。理科的教学能不能多增加一些文科式的师生间的互动?面对一群积极的、有创新精神的学子,他们会给教师很多意想不到的惊喜和建议。"魅力化学"在每节课结束后会让学生们写下对课程的感受和意见,或思考、或迷惑、或感激、或率直尖锐的批评等。在"魅力化学"的课程反馈条中,密密麻麻写满了学生的感想和建议。读着这些小纸条,教师们感到非常满足。现在看来,这些反馈条也是"魅力化学"设计上的特色:学生们有了指点课程的机会。

教师们的教学热情直接感染着学子们。"魅力化学"的期末考试小论文也是可圈可点。洋洋洒洒的论文,包含了很多学生对化学的热爱。2004 年,在众多优秀论文中,我们特选了三篇,请作者在最后一堂课上各作了 20 分钟的演讲,每一位都取得了成功。2006 年,我们把论文的形式扩大到文稿(包括记叙文、散文、诗歌、小说、戏剧等)、摄影,Flash,视频文件等。我们期待学生能最大限度地施展各自的才能,用他们所擅长的形式抒发他们的情感。果然,他们交出了更多优秀作品。不管是精心撰写的文稿,还是创意独特的 Flash 或是感性唯美的视频文件等,都让师生们连声称赞。

"BASF-魅力化学"发展到现在,我们不禁要发出一点感慨,这一点感慨也许会引导

表1 2006—2007 年"BASF-魅力化学"课程安排

报告题目	主要内容
01 马 莲：化学及化学工业的创新趋势	
02 寇 元：四个尺度上的化学世界	四个尺度：工厂/反应器/床层/原子与分子
03 寇 元：能源、资源、环境与催化	能源的利用是关系到国家长治久安的大问题,看德国和南非如何实现煤到石油的有效转化
主题1 化学家是如何了解"物质"的	
04 刘虎威：从"9·11"恐怖袭击谈起	"9·11"袭击后受难者身份的确定,兴奋剂的分析检测直指 2008 年北京奥运会
05 张新祥：从金币的变色说起	熊猫金币的变色,青铜器的鉴定与考古,各种光谱学知识
06 来鲁华：生物分子机器的化学本质	针对 SARS 冠状病毒的药物设计；抗禽流感的特效药物达菲的发现过程；精巧的分子机器：水通道
主题2 化学家是如何"构建"分子的	
07 刘忠范：化学与纳米科技	未来的计算机芯片材料——碳纳米管
08 黄建滨：从古巴比伦巫师专利到介观科学的宠儿	以生动、趣味性的故事来讲述关于胶体和表面的故事
09 李子臣：神奇的高分子世界	讲述生活中的各种高分子材料及其简单的物理化学性质
10 黄建滨：认识决定突破 努力保证成功	界面化学：研究界面的物理化学规律
主题3 化学家是如何了解"反应"的	
11 David Evans：Favourite Fascinating Chemical Reactions	英文讲授,演示趣味神奇的化学实验
12 王剑波：从巴斯德的酒石酸到不对称催化	位阻、手性配体等概念和图解
13 施章杰：新一代物质转化途径	有机化学：裁剪分子
14 包信和：催化化学与能源可持续	化石能源与新能源
15 学生自主演讲、讨论	"我与化学"

我们在未来把化学的教育办得更出色。这感慨就是,有素质上整体发展的教授,才会有素质上整体发展的学生,然后才会有有文化、高素质的综合大学。教授们面对"BASF-魅力化学"这样一门前所未有的文理通选课的困难是：他们能将学术的报告讲得精彩,但并不擅长从文化层面上作报告。"BASF-魅力化学"课上的教授都是化学学院的学术领头人,但学术上的专家还不是文化层次上的专家。当他们中的某些人成长为文化层次上的专家的时候,当各个院系都有几位这样的专家的时候,才可以以文化,而不仅仅以学科的积分评价我们的工作。

所以化学之大,不仅仅有四个尺度上之大,还应该有大师大道之大！

参 考 文 献

[1] 周嘉华.世界化学史[M].长春：吉林教育出版社,1998.

[2] 沈慧君,郭奕玲.诺贝尔奖百年鉴——微观探幽：X 射线与显微技术[M].上海：上海科技教育出版社,2000.

[3] 陈尔强,等译.超越分子前沿——化学与化学工程面临的挑战[M].北京：科学出版社,2004.

[4] Chemical & Engineering News, 2002-08-31.

附录:

美国杜克大学化学系的教改经历

(*C&EN*, 2002-08-31)

2002年9月初,杜克大学约1600名新生(2006年毕业)结束了选课,近一半学生选了一门化学课:普通化学。和美国的所有大学一样,这门化学入门课每周有四节,三节课堂授课和一节讨论/实验。对学生来说,授课内容也是他们从学习高中化学时就已经熟悉了的,不外乎是化学计量、原子/分子结构等基本概念。

但化学系主任西蒙原本不希望是如此结果。一年前的今天,为了向一年级新生展现当代化学的魅力和成就,西蒙推出了一门创新的、团队讲授的课。但这事儿从一开始就不顺:各种反对的意见通过各种途径传到了校长那里,无奈之下,系里只好决定今年仍恢复传统的普通化学课,以保持稳定。

去年秋天发生的事是由于教职空缺引起的。40年来第一次,经验丰富的邦克教授不再担任普通化学的教学,留下的空缺及因此而出现的机会和挑战需要立即填补。"对全系教授来说,问题是:我们想用什么模式?继续沿用一个教师的模式讲授新生的化学课,还是全体教员齐出动?当时的感觉是,毕竟新生的化学课是我们全系的责任,我们都应该参加。"迈克刚教授回忆说。在此基础上,西蒙推出了新举措。西蒙说:"我们需要了解在化学入门课中到底该教些什么。为什么还让今天的学生学习我在1975年学过的同样的内容?科学已经不一样了嘛!"

"人们用一年学这门课,但最终仍不知道什么是当代化学,什么是化学家致力解决的重大问题,这让我感到忧虑!"西蒙举了一个例子,来Duck(Duke)之前,他曾在加州大学圣地亚哥分校任教。在给新生讲授化学时,当问到化学家为国计民生作了些什么贡献时,学生回答说:"化学家们会测定pK_a,他们还会滴定。"西蒙叹道:"我们为什么不让他们想些别的什么,何必非要让他们照着食谱炒菜?"

西蒙在邦克退出之前就开始筹划重建实验室。在教务长支持下,西蒙录用了安德森,开设了一门由学生提出问题和要求的实验课。安德森来自北卡罗来那州内精华荟萃的高级中学,他研究了其他大学的进展并设计了一套新的实验课。这些课程两年前开始在一部分大一新生中试行,去年秋季开始在全体新生中推广。从各方面讲,这门课都很成功,今年仍将继续。

不仅如此,课堂授课的改革也在去年秋天开始了,西蒙的设想是采用法律系"案例分析"的方法,一系列的教授通过化学的前沿研究展现基本概念。"我的想法是通过探讨当前化学研究的重要性及主题,将它们关联到潜在的基本原理。我们希望内容丰富多彩,研习或仅仅复述教材是不够的。"

杜克大学化学系在2001—2002年度采用了双轨教学,有约300名学生仍沿用一个教授贯穿始终的传统教学,其他学生,则由西蒙和五个教师按照案例分析的方法共同担当教学。学期末,通过多次选择测评比较这两组学生哪一组达到了基本的教学要求。

西蒙在2001年秋季开学时组织了关于减少温室气体排放的《京都议定书》的讨论。他认为这些讨论挺有意思,"我们问学生,就美国对协议的态度(投票)而言,如果是你来

大家可以看到，

BONKISTRY
James Bonk: A Hard Act To Follow

Until last year, introductory chemistry at Duke University had been known for decades as "Bonkistry." The affectionate nickname personified the extraordinary impact of professor James F. Bonk's 43 years of teaching the course to some 30,000 students.

Bonk's energy, enthusiasm, and dedication became part of Duke legend. So did the precision and clarity of his lectures. "He wrote everything meticulously on the board, point by point," says a student who took the course in the 2000–01 school year, the last time Bonk taught it. "He was always very clear and easy to understand."

While no longer teaching the first-year course, Bonk remains Duke's director of undergraduate studies in chemistry. He's designed a new course for non-scientists, called "Chemistry,

Technology, and Society," which debuted last spring. Bonk is also working with the department's head librarian on a half-credit course for chemistry majors that will cover literature-searching techniques.

On stepping down from teaching general chemistry, Bonk suggested the course be restructured to include three lectures each week, plus a combined lab and recitation section. He had been lecturing just twice per week, which he felt offered barely enough time to cover the basics. "I envisioned that the added lecture would give an opportunity to make the material more interesting by covering applications of chemical principles to biology and materials science," he tells C&EN. He also advocated switching from a verification-based to an inquiry-based lab.

"Beyond that, I felt that I should not get involved in the detailed planning so that those who would actually be teaching the course would feel totally free to design it the best possible way to take advantage of their own teaching styles, new classroom technologies, et cetera," he says. "I felt strongly that they should be given the same freedom to develop the new course as I was given many years ago."

IN HIS ELEMENT Bonk talks with a student.

PHOTO BY LES TODD/DUKE UNIVERSITY PHOTOGRAPHY

（原载 C&EN，Aug. 26，2002）

决定这敏感的一票，你需要了解哪些信息？"

继之，课堂上用了约两周时间讲燃烧，穿插化学计量原理。接着，讲周期律、量子化学机理、南极臭氧空洞和减少气体排放的法律。后来，又回到有机化学引导学生关注有史以来的一些争论，如为什么碳是四面体，苯的结构为什么是非定域化的，等等。

到期中时，"案例分析"这一组中大部分学生都感到迷惑、失落、不开心。学生们的高调反弹越过化学系传到了校领导层。学生们抱怨说，他们并不知道这是一种教学实验，他们像"豚鼠"般被捉弄了。这门课缺乏连续性，多个教师不同的教学和考试风格让他们无所适从。很多人觉得他们比传统教学法的学生辛苦。那些在高中学过系统化学的学生尤其认为这门高级课程缺点多多。

西蒙不赞成这些意见："他们只是关心学分。这些孩子从没得过 A 以下的成绩，他们没遇到过挑战，他们来杜克的目的只是希望为进入医学院铺平道路。他们需要学会在不同的环境条件下学习，当然，我们让他们更辛苦了，他们很生气。"

但问题是，不仅仅学生们感到比较失败，一些研究生助教们也认为如此。"主意当然是好的"，一个助教告诉 C&EN，"但对大多数学生来说是有些过了。"缺乏连贯性也大大影响了助教的工作，他们觉得授课、实验等很零散，大多数情况下用做"案例"的材料事先也不知道。另一位助教说："我们作为助教确实想尽力补救，但除去教材我确实不知道怎么引导进一步的学习。"第三位助教强调："最糟糕的是你不知道如何提供帮助。"

　　秋季学期的期末，相当多参加"案例分析"教学的学生对评估测试嗤之以鼻——幸好这不计入学分——评估成绩实际已无任何价值。"有些学生看都不看试题，一气乱填。"一位助教反映，"其他学生则在试卷上乱画些感叹号。"到春季学期末，系里根本没敢再作评估测试。

　　第二学期很安静，但这部分是因为迈克刚在西蒙不知情的情况下弃用了"案例分析"教学法。等西蒙发现，课程已开始了。迈克刚说："由于秋季学期结束时没有获得预想的成功，也因为我自读研究生以来从来没有教过新生的化学，我决定在这六周内先试试照本宣科。"迈克刚之后由克莱格和格林斯塔夫授课，他们俩采用了混合的方法。格林斯塔夫说："我试着沿用书上的标准内容，然后引入一些研究点作些展开。"

　　可是，同期采用传统教学法的迈克非儿教授在第二个学期正面临着中坚学生们的对抗，这种对抗是那种漠然的对抗，正是西蒙在设计"案例分析"教学时所力求避免的。据迈克非儿说："最难对付的是那些仅仅看看教材而不来听课之类的我行我素的人。"迈克非儿怀疑：是否"案例分析"教学更适合他们？

　　迈克非儿和很多其他教授们设想，也许"案例分析"教学的初衷更适合于较少的一部分学生，即，那些来杜克时已有了相当坚实的化学基础的学生。在新学年里，这可能将是个值得考虑的意见。今年秋天，迈克非儿和另一位教授将以传统教学方式分别承担一部分的教学。西蒙说，"我们追求今年的稳定性"，那意思也是说杜克不会重蹈覆辙。"我们仍想把应用和研究热点以某种方式带进新生化学的教学中。但我需要一年回想一下发生的事，看看国内其他人正在怎么做。"

化学化工与我们的生活[*]

——传统化学工业的创新

马　莲

一、化学化工与我们的生活

仅有化学原理和化工原理,要想满足人类各种各样与五彩缤纷的衣食住行相关的需求是远远不够的! 只有将这些原理充分地、正确地运用到生产设计当中,并通过化工公司的各类生产装置将其生产出来,然后通过各种渠道传递到各行各业及日常生活中去,人类才能真正地感受化学化工生产,以及化工公司给人类生活所带来的各种健康、方便和舒适。

现代化学工业,已有 200 多年的历史。化学工业在人类这 200 年历史进程中的贡献是功不可没的。没有化学和化学工业,人类是不会有今天的生活质量的。随着人口的继续增长,要想在节能、环保的前提下保证人类生活品质的不断提高,没有化学化工是不可能的!

图 1　化工产品与日常生活

＊　本文所有信息及相关图片均由巴斯夫(中国)有限公司提供。

化学工业就是基于化学理论，采用自然资源，包括原油、天然气、生物质、矿石、水，甚至空气，进行不同的化学反应，生产出我们称之为基础化工原料的产品（或称化工上游产品，如乙烯、丙烯、乙醇、石脑油），再由此作为原料继续通过不同的化学反应，经过各类中下游企业生产出各种各样与人类日常生活相关的化工产品，如汽车、医药、纸张、服装等。目前世界第一大化工原材料供应商是国际著名的巴斯夫（BASF）公司。

整个化学工业也可以简单地用图 2、图 3 来描述。通过公司研发部门经过化学研究，化工工艺的流程设计，放大实验，再到投资建设生产装置，最后从生产车间生产出产品。根据客户的需求将产品安全地运输到客户手中，同时还需要帮助客户回收处理该产品可能产生的废弃物，以保证化学工业不会给人类环境及生态造成负面影响。

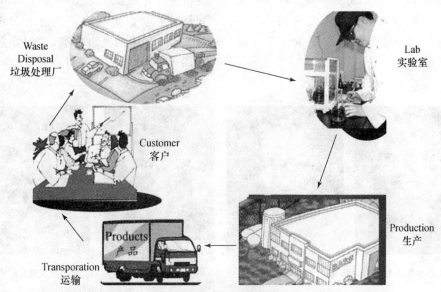

图 2　化学工业的简要流程

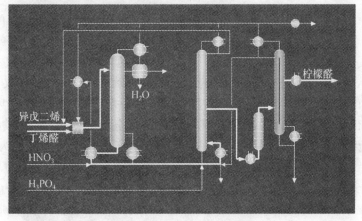

图 3　化工生产工艺流程图

如前所述,化学及化学工业的发展史,特别是近代化学及化学工业的发展史是与人类近代的发展史密切相关的,并为人类生活水平的提高、社会进步作出了杰出的贡献。

例如:19世纪30年代,由于氨合成反应的工业化,使得人类进入了一个化肥的时代。由于有了化肥,粮食收成提高了35%～40%,让人类摆脱了完全靠天吃饭的状况。

合成氨是19世纪初德国Karlsruhe大学的Haber教授在实验室里发明的——将氢气加氮气在催化剂及高压的条件下直接合成得到氨气。

$$N_2 + 3H_2 \rightleftharpoons 2NH_3$$

但是仅有实验室的发明还远远不够,因为这还不是一个可以为人类使用的大批量的产品。当时BASF公司的总经理兼实验室主任Bosch博士发现,氨气是一个非常有工业化前景的产品。他在公司的实验室中解决了反应釜既可承受高压及抗腐蚀,又不会对催化剂的性能造成影响的问题。经过放大实验及化工工艺设计施工,才有了能真正大规模生产合成氨的装置。整个合作研发过程持续了近14年。也正是由于Haber教授和Bosch博士的突出贡献,他们分别获得了1918和1931年度的诺贝尔化学奖。

Bosch博士　　　　Haber教授　　　　第一代合成氨反应釜　　　　现代合成氨反应装置

图4　合成氨工业化

二、化学工业创新

很多人都认为,21世纪是生命科学的世纪,是材料科学的世纪。化学是不是已经过时了,没有什么值得学习和关注的了呢?事实恰恰相反,今天的生命科学和材料科学的基础都是化学,没有化学很难衍生出这两门新的学科,但反过来,这两门新学科的研究成果又推动了化学工业的发展。也就是说,

化学工业仍然有着无限创新的空间。

从工业界来讲,创新是将知识变为"钱",发明是将"钱"变为知识。仅有发明,把它以专利的形式束之高阁,或仅停留在发表文章,对人类生活并不能够产生影响。只有当把这些全新的知识,转化成为真正的生产力,即转化成为各种各样能为人类生活带来好处的产品的时候,这个过程才可称为创新,知识也才能体现出它的力量。

创新,就工业界角度来讲,有三个动力:

（1）市场推动型的创新来自于市场对产品的各类需求。需求的变化会促进化学工业不断地改变产品的性能，降低产品的成本，以更好地满足市场的需求，并能为公司获得更大的经济利益。（2）技术推动型的创新。将人类对知识探求的新成果以可行的方式转化为能给人类生活带来更多方便的产品。近期如 IBM 及 Microsoft 公司为人类带来的信息世界，iPod 则为年轻人带来新的娱乐生活方式。新型的节能、环保材料用于建筑、汽车等行业。（3）社会进步，新的法律、法规、观念推动创新。50 多年前，人类环境保护意识和今天是完全不一样的。今天保护环境和生态对于人类社会的可持续发展越来越重要。根据社会的需求，化学工业就必须要有很多的创新和改进，以满足现代人类社会的需要。如不断地改进生产的原材料、生产工艺……从而使化工生产过程能够既节能环保又安全。随着各国政府不断推出日益严格的各项环保措施、法律法规，化工行业进入绿色化学时代也刻不容缓。

通过工业界、学术界及社会各界的不断合作，将会有更多的创新过程为人类的生活、环境及生态带来更多的益处。

下面举几个例子，进一步说明传统的化学工业是如何创新的。

1．一体化理念

在化学工业的长远发展趋势中，有一个很重要的发展策略称为"Verbund"。该词本身是个德文词，英文翻译为"Integrate"，中文则翻译为"一体化"。A 车间生产的产品不仅是可销售的产品，同时也是周边 B 车间的原材料，而 B 车间的产品也可能是 C 车间的原材料。如果 B 车间发生的是放热反应，则把发生吸热反应的 C 车间建在其旁边，这样 C 车间就可以节约能源。各类相关车间建在一起，也可减少许多运输以及基础建设的需求。BASF 公司是这一理念的创始者，并且直接将这种理念，在多年经验的基础上，运用在与中国石化总公司扬子石化公司所创办的在南京的联合企业中（见图5）。

图 5　南京扬子-巴斯夫一体化生产基地

图 6 展示的是 BASF 公司德国总部在路德维希港的一体化基地带来的经济优势。这个基地总面积大概 10 平方公里，有近 300 家车间，靠 2000 公里的管线、300 公里的铁路线、600 公里的公路线连接在一起。每年由于这种一体化（Verbund）策略，BASF 公司可以节约 5 亿欧元，其中 3 亿欧元来自于储运方面，1.5 亿欧元来自于能源，还有 5000 万欧元是在来自于基础建设。

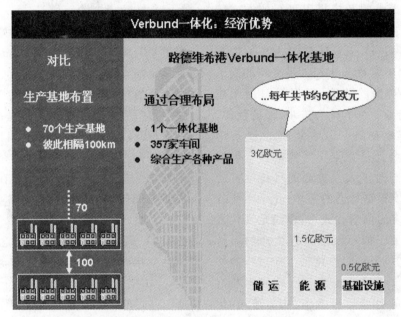

图 6　BASF 公司德国总部一体化基地带来的经济优势

2. 可生物降解的高分子材料

人造材料已被融入人类生活的每一个方面，但近年来的白色污染也提醒人们应该更合理地使用人造材料。通过化学工业的创新发现，使用可生物降解的人造材料是解决白色污染问题的一个方法，同时仍然能满足市场的需求。

可生物降解的材料，是在 20 世纪 90 年代中期刚刚推入到市场上的。BASF 公司的 Ecoflex® 产品本身仍然是全化学合成的，但由于科学家们对产品进行了量身定做的分子设计，通过不同分子之间的相互结合，还有整个反应链的分布，使得该产品具有可生物降解的性能，并通过了国际上对可生物降解制定的各种标准测试。图 7～10 为其分子结构图、可生物降解测试过程和测试数据，及可生物降解材料产品标志。Ecoflex® 可以用来制作一次性饭盒、有机垃圾的垃圾袋或者食品的保鲜膜等，这样有助于解决白色污染问题。目前该产品在欧洲很多的国家，如瑞典、挪威及瑞士等，都被政府指定为有机垃圾袋的原材料。Ecoflex® 产品还可以与可再生材料，如淀粉、聚乳酸等共混。

对苯二酸　　　　1,4-丁二醇　　　　　己二酸　　　模系统
　　　　　　　　　　　　　　　　　　　　　　　　　　　　（分支、链扩张）

图7　分子设计——具有可生物降解性能的高分子材料

开始堆肥　　　　　　　堆肥两周后　　　　　　　堆肥四周后

图8　可生物降解标准实验

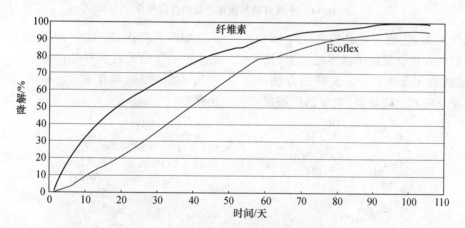

图9　可生物降解标准对比实验数据图

图10　可生物降解材料的标识

3. 化工生物技术

在化工界,化工生物技术也日益成为化工生产中极其重要的技术组成部分。生物酶作为化学反应催化剂的应用日益增多,特别是在手性化合物的合成过程中,生物酶既可以提高产品的选择性,也可以提高产品的产率。它使以前化学合成生产成本很高的产品,如手性产品,逐渐成为一般大众可使用的产品,如医药、保健品、高效环保农药等。

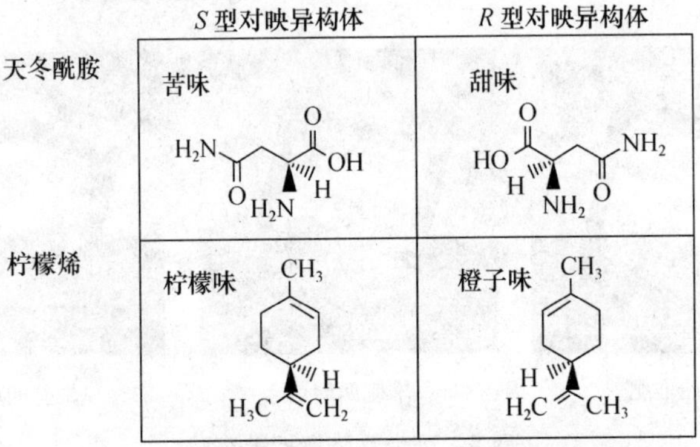

	S 型对映异构体	R 型对映异构体
天冬酰胺	苦味	甜味
柠檬烯	柠檬味	橙子味

图 11　手性对映异构体产品的性能各异

众所周知,生物发酵已有几千年历史。如今发酵的方法也被用于诸多维生素、抗生素、氨基酸的工业生产中。发酵的方法,可减少化学反应的反应步骤、能源消耗和副产品。如维生素 B_2,20 世纪 90 年代采用发酵法生产的产品只占世界总产品的 3%,而如今几乎 100% 的维生素 B_2 都采用发酵法生产。

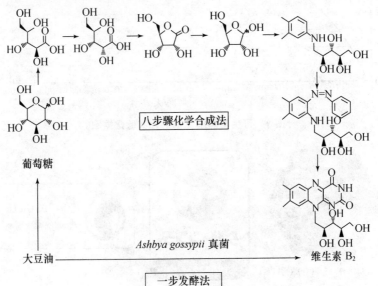

八步骤化学合成法

葡萄糖

大豆油 ——————— *Ashbya gossypii* 真菌 ——————→ 维生素 B_2

一步发酵法

图 12　采用化学合成法和发酵法生产维生素 B_2 流程图

4. 责任关怀®（Responsible Care®）

"责任关怀®"，是近年来化学工业以可持续发展为导向的一种创新，也是现代化工发展的方向。

"责任关怀®"是针对化工行业的特殊性，由化工行业自发采用的一种自律行为，主要是不断地改善化工生产中，包括在环保、安全与健康三方面的表现。BASF 公司早在 1992 年就致力于"负责的行为"这一理念，并成为"责任关怀®"的发起者之一。全球已经有 52 个国家的代表及几乎所有世界大型跨国化工企业的行业协会都已加入到"责任关怀®"这一体系中。

"责任关怀®"有七项管理准则：

（1）社区意识与紧急预案：推动紧急情况反应计划和与当地社区的联络。

（2）预防污染：减少排污。

（3）工艺安全：预防火灾、爆炸以及化学品泄漏事故。

（4）储运安全：减少化学品装运中出现的危险情况，并适用于化学品的运输、储存、处理，以及二次包装。

（5）职业健康与安全：在保护环境以及保证工人和公众健康与安全的前提下进行生产。

（6）产品的使用与安全：使健康、安全和环保融入产品的设计、生产、销售、运输、使用以及回收处理等各个环节中。

（7）工厂安保：不断改进工厂的安保状况，以保证工厂业务的正常运营。化工厂与当地政府和安全部门合作来共同预防恐怖活动，确保化工企业的安全。

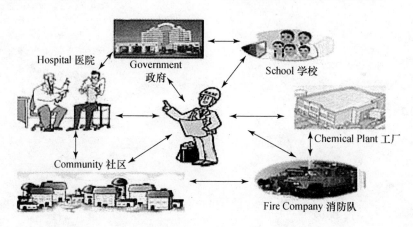

图 13　责任关怀®

可以看出，"责任关怀®"的理念与可持续发展的三大支柱即经济、环境和社会是相吻合的。一方面，"责任关怀®"提供一系列的政策、指导文件、指标，通过系统化的步骤帮助企业在环保、安全与健康三方面取得更好的成效；另一方面，"责任关怀®"的实施潜在地影响着企业的经济发展。

"责任关怀®"是企业从上到下，自始至终的参与。它不只是写出来的一条条规定，也不仅仅是经理的责任，而是每个员工的责任，从最高层到最低层，都需要执行。它是整个企业参与的一个运动。

化学化工与人们的日常生活息息相关。有近千年历史的化学，以及两百多年历史的化工行业，并没有过时。恰恰相反，化学成为许多新兴学科和技术的基础，同时其自身不断创新，也将引领许多工业行业的不断创新。节能汽车，节能房屋，清洁化工产品，无污染无味涂料，安全玩具，更舒适的服装……随着化学化工的不断创新，相信会给人类带来更多有利健康、有利环境、有利生态的各类产品。

没有化学，就没有五彩缤纷的生活；没有化学，就没有高质量的生活。

资源、能源、环境与催化[*]

寇 元

一、开宗明义话能源

　　人类社会在不断地发展,其动力是对改善生存环境的殷切期望,所依凭的便是对自然资源的利用。人类的发展史可以说就是一部对自然资源的利用史。人类旧石器时代,以粗糙的砍砸石器和刮削石器为标志。公元前 1 万年,人类进入新石器时代,以磨制石器和陶器为标志。陶器是将各种黏土类矿物挖掘出来水和成型并用火烧制而成,陶器的出现是人类对真正的矿物资源的第一次开发利用。公元前 1600 年左右,中国进入青铜器时代。在这个时代,人类对自然资源利用的显著成就是能对铜等金属进行冶炼和铸造,由之而来的冶金手工业带来了生产工具革命性的改进。公元前 600 年左右,铁器开始进入生产领域并解放了社会生产力,至此,金属工具逐渐代替石制工具。铁器的使用同时促进了建筑业、炼钢业、手工业机械制造等等的诞生和技术发展。接下来是 18 世纪的煤炭时代,英国率先大规模使用煤作为动力燃料,产生了蓬勃的以煤为能源、以蒸汽机为动力的第一次工业革命,同时也确立了英国的世界工厂地位。随后进入石油时代,美国利用比煤更方便和廉价的石油为能源,以本国蕴藏和他国掠夺的石油资源为基础大步发展工业,坐上了世界霸主的宝座。但是,石油是不可再生能源,石油时代结束后的后石油时代将以何种资源利用形式主导? 这正是当今世界各国正在研究的课题。但不管怎么说,由上面的叙述我们可以看到,自然资源的使用与人类社会的进步发展息息相关,密不可分。

　　为了更好地理解自然资源,下面给出一个自然资源的分类图(图 1)。

　　通过图中的分类,我们看到自然资源的涵盖面非常广泛,其核心的标准就是人们能够利用并因之受益。说到利用,就和利用手段有关了。可以预见,随着人们对自然资源利用水平的提高和利用方式的增多,某些自然资源的被利用度会越来越高,自然资源的涵盖面也会越来越宽。

　　自然资源对人类的重要性毋庸置疑,而自然资源中有一类被称为是人类社会的生命线的,是什么呢? 是能源! 人类的生活和

　　*　致谢:感谢我的博士研究生蔡志鹏热心协助完成初稿。

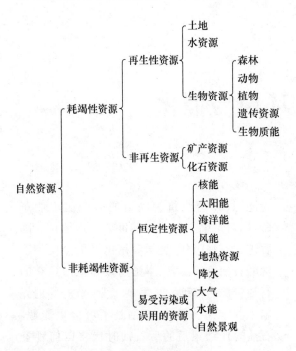

图 1 自然资源分类图

生产都离不开能源,能源是社会进步、经济发展的物质基础。能源的消费水平,在一定程度上反映着一个国家或地区的经济发展水平和人民的生活水平。

能源一般被划分为一次能源和二次能源。一次能源是指直接从自然界中开采获得的能源,二次能源是指对一次能源进行加工处理后再得到的能源。所以煤炭、石油、天然气是一次能源;电能、煤气、石油产品等是二次能源。一次能源又分为可再生能源和不可再生能源。不可再生的一次能源主要是指化石能源,如煤炭、石油、天然气。它们是动植物埋藏在地壳中,经过亿万年的复杂变化才产生的。我们今天显然不能再重复昨天的故事,也就是说,这些能源越用越少,早晚会枯竭。可再生的一次能源主要是指生物质能、太阳能、海洋能、风能、地热能、水能等。另外,核能也被认为是可再生的能源。

虽然能源的种类有很多,但当前对整个人类社会贡献最多的,还是一次能源中的不可再生能源——化石能源,即煤炭、石油和天然气,它们是当今人类社会最主要的能量来源。表 1 给出了世界和部分国家的一次能源消耗状况。

表 1 2008 年世界部分国家的能源消耗状况表(单位:%)

	煤	石油	天然气	核电	水电
世界平均	29.2	34.8	24.1	5.5	6.4
美国	24.6	38.5	26.1	8.4	2.4
德国	26	38	23.7	10.8	1.5
中国	70.2	18.8	3.6	0.8	6.2
日本	25.4	43.7	16.6	11.2	3.1
英国	16.7	37.2	39.9	5.6	0.6

就世界平均水平而言,现今人类需要的能源接近 40% 来自石油,煤和天然气平分秋色各占四分之一,再加上少量的水电和核能。从表 1 可以发现,与很多国家迥然不同的是,我国能源消费中煤所占的比例出奇地高,达到 70% 左右,而天然气所占的比例出

奇地低,仅及西方国家的一点零头。再看看美国的情况,美国的能源消费水平,即煤、石油和天然气所占的比例与世界平均水平持平。美国主要利用的化石能源是石油,而中国是煤炭,为什么会如此不同? 这背后是另有原因的。

什么叫另有原因? 不就是中国缺少石油和天然气资源么? 是的,对中国而言确实如此。我国富煤少油,资源上的劣势非常明显。现代社会的工业化是在欧美发达国家的基础上建立起来的,工业化所依托的能源消费结构,40%靠石油,然后四分之一靠煤,另四分之一靠天然气,这决定了你的工业化程度和现代化水平。也就是说,中国继小康之后如果想实现完全的现代化,就需要大量的石油和天然气。因为我前面说了,这种现代化的模式是发达国家花几十年的努力建立起来的,达到这种现代化的基础数据之一就是能源消费结构。而由于中国缺少石油和天然气资源,这种先天不利的局面在战略上是对我国现代化的严峻挑战。我国是个石油进口国,自身的探明储量目前还能供应石油需求的三分之二或二分之一,但随着世界性石油紧缺的到来(一般认为60年之后),我国在40年之内就会面临严重的石油短缺困扰。通过显著提高能源利用效率并结合发展煤变油技术,预计可显著延缓短缺,但也要看到,由于我国煤炭资源的过度开采且今后还会持续,目前的储量只能再维持80~100年。这就是我国的化石资源态势。

由此,我们必须再引申一下,能源问题,在和平时期涉及国家的小康和未来的现代化;在不和平的时候,在世界上有风吹草动的时候,能源问题涉及国家的紧急动员能力,涉及军队的战力和战争对抗中的耐力。这一点,万万不可小觑!

我上面说到的另有原因是因为还有其他的原因,我们来看一下美国的相关故事。

20世纪50年代以后,美国就成了世界范围现代化的领头羊、发动机。美国这个国家地广人稀,资源富足,不缺煤,不缺石油,也不缺天然气,还以盛产粮食(小麦、玉米和大豆等)著称。美国本土的石油储量,据2000年左右的测算,在世界石油仅余60年供应期时,还可以保证美国使用100年。据 *Science*(2006-04-14)报道:美国煤储量世界第一,折算下来相当于全世界的石油储量,可以毫无顾虑地度过下个世纪(22世纪,即,可用200年);美国石油储量相当于其煤储量的1/40,绝大部分没有开采,足可在世界性的"石油荒"时一展身手。也就是说,世界石油枯竭了,美国还有四五十年的缓冲期。为什么会如此? 这就说到美国自20世纪50年代以来执行的能源战略。自50年代始,美国就严格控制开发本土的油气田,将石油战略锁定到海外油田,甚至为了保护油路的畅通不惜开战。美国拥有世界上先进的地质勘探技术、油田技术和炼油技术,但它就是不开采本土油田! 这就叫能源战略。

能源的转化利用是科学和技术问题,能源的合理有效利用不是科学技术问题而是政府的对策问题。采油,炼油;挖煤,煤变油,等等,作为科学技术难题被一一攻克,这是科学和技术问题。采哪儿的油,不采哪儿的油,非要采哪儿的油,这是政府的对策问题,是国家的能源战略。

再举一个美国的例子。2000年以来,油价一路飙升。采用生物质替代化石资源成为研究热点。美国政府是生物质资源开发利用的有力推手，频频在国情咨文中提出生物质资源利用的阶段性目标。继氢能源战略之后，美国政府在 2006 年初明确提出，要在 2012 年之前使生物乙醇的价格与汽油可比，并在 2025 年使可再生能源替代高达75％的中东石油进口（*C&E News*，2006-08-28）。受到政府政策的推动，生物乙醇、生物柴油已经在美国走向市场，正面或负面的研讨和报道不绝于耳。这再次证明，虽然能源的利用是科学和技术问题，但能源的合理、有效利用却是政府的对策问题，决策的依据是本国的资源实力和潜力，以及未来的资源利用方式对国家安全和生态环境的影响等。上面说了，美国本土有油有煤，储量还很巨大，着什么急呢？在美国政府直接推动下，生物乙醇一下子就红遍了北美，到了南美，后来又来到亚洲。事到如今，五六年过去了，谁得了利？当然是美国！

美国《财富》周刊（2006-04-09）报道，加满一油箱的生物乙醇（25 加仑）所需谷物可以养活一个人一年。美国每年消耗 1700 亿加仑汽油和柴油，按能量折算成生物乙醇还需要乘以 1.5～4 的系数。如此算下来（系数为 2），美国全部谷物产量只供应所需燃料的3.7％。全美国耕地 3 亿公顷都生产生物乙醇，只满足需求的 15％。另据 *C&E News*（2007-02-19）报道，尽管在全美 16.5 万个加油站中目前只有 1000 个左右可提供 85％乙醇的混合燃料，但生产基于玉米的生物乙醇已经造成粮食和饲料供应的紧张。

这些科学分析的数据，媒体都详细讨论了，美国政府的决策者难道不知道？所以，美国政府的这一手，声东击西，在战略上是

站在了高点上！美国是世界上最主要的粮食和饲料出口国，玉米乙醇"神话"催得世界粮食价格一路飙升，得利的是谁那还用问，值得问的是谁吃了亏？

就事论事，生物柴油玉米乙醇在美国受到青睐自有其政府主导下市场供求的驱使，但美国从国家智慧的层面上所发展的这种"大能源"态势分明是在未来，起码是在百年之内仍能牢牢掌握国际能源的大势。由此可见，美国政府的能源对策是多角度全方位的。

所以，开宗明义再强调一遍：能源的转化利用是科学和技术问题，能源的合理有效利用不是科学技术问题而是政府的对策问题。

从图 2 可以看到，我国探明的煤炭资源占所有化石能源的 95％以上，是个典型的煤多油少的国家。伴随着我国近二十多年来的经济快速发展，我国的能源消费状况也有所改变，主要体现为加大了石油利用的比重。我国从 1993 年成为石油进口国；2003年进口石油 9118 万吨，自产石油 1.669 亿吨，总石油消费量约为 2.7 亿吨。同时，我国是目前世界上唯一以煤为主要能源的大国，并且这样的能源构成在今后相当长的一段时期内不会改变。

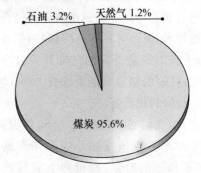

石油 3.2%　天然气 1.2%　煤炭 95.6%

图 2　我国能源储量分布图

以煤为主的能源结构，带来了非常严重的环境问题。煤的利用方式在我国主要是燃烧发电，而煤的燃烧是造成我国生态环境破坏的最大污染源。我国的能源消费占世界的 $8\%\sim9\%$，但 SO_2 的排放占世界的 15.1%，排放总量为世界第一位；CO_2 占 13.6%，NO_x 占 11.3%，总量都居世界第二位。其中我国煤燃烧所释放的 SO_2 占到全国总排放的 87%，CO_2 占 71%，NO_x 占 67%，粉尘占 60%。大量燃煤排放的 SO_2 和 NO_x 已经在我国形成了极大的危害，酸雨区域迅速扩大，已超过国土面积的 40%，造成了难以估量的经济和社会损失。

我国目前的能源形势还有两个很严峻的问题。一方面，我国的人均能源占有量和消费量远低于世界平均水平。如我国煤的人均占有量只有世界平均水平的一半，而石油是十分之一；我国煤的人均消费量超过世界平均水平，但石油的人均消费量只有世界平均水平的四分之一。另一方面，我国又是世界上能源浪费最严重的国家之一：以生产一美元 GDP 产值的单位油耗衡量，日本是 0.084 千克，我国是 0.298 千克（是日本的 3.5 倍），相差悬殊。这也就是说，如果我们的 GDP 单位油耗能达到日本的水平，我们的总石油消费量就可以控制在 1 亿吨而不是目前的 3 亿吨，我们就可以不用进口石油！这样的魅力图景为我国实现全面现代化的能源战略提供了新的解决方案。

二、能源转化化学篇

我们这里要说的是能源利用转化中化学家解决的问题。能源的利用转化还包括很多工程上的问题，不少情况下工程上困难甚巨，没有化学工程专家的配合再好的过程也不能实现。但因为篇幅，又因为是讲魅力化学，所以我们就简单讲讲能源转化的化学故事。

能源利用中，催化技术至关重要。在现行工业过程中，60% 的产品和 90% 的过程是通过催化技术实现的。催化在能源发展战略中有突出的重要性，这可以概括为五个方面：（1）石油炼制与石油化工；（2）合成气化工；（3）天然气化工；（4）燃煤污染防治；（5）绿色化学。

1. 石油炼制与石油化工

石油炼制可能是世界上最大规模的工业过程，当然也是最大规模的催化过程。近二十年来，石油资源日渐短缺，石油品质的下降伴随着日益严格的环境保护标准的出台，石油炼制工业正面临着挑战。石油炼制工业的生产目的，一是向社会提供燃料油（汽油、柴油等），二是提供乙烯、苯、甲苯等基础化工原料。

天然石油又称原油，通常是褐黄色至黑色的可流动的或半流动的黏稠状液体，可燃，具有特殊气味，不溶于水。石油的主要成分是碳和氢，其中碳含量为 $83\%\sim87\%$，氢含量为 $11\%\sim14\%$；还含有少量的氮、氧、硫（$1\%\sim5\%$）和微量的镍、钒、硅等。这些元素组合在一起就形成了石油的各种成分：主要成分是烃类化合物，即饱和烷烃、饱和环烷烃、少量的芳烃和杂环芳烃。

这里说的烃类化合物，是化学上对碳氢化合物分类时使用的术语。乙烷，两个碳原子相连，每个碳原子上再连接三个氢原子，这就是最简单的饱和链烃。所谓链，指的就是两个连接的碳原子,叫碳链。最短的,两个碳原子叫碳链;长的,六七十个碳原子彼此相连也叫碳链。原油中各种碳链的烃类都有,长的长,短的短,混在一起。而我们需要的汽油,只是碳数在 7～12 之间的烃;柴油只是碳数在 12～20 之间的烃。

人们发现石油的初期,石油主要用做燃料,中国汉代就有使用石油的历史。到了现代,发现可以从原油中提炼出汽油柴油。早期的石油提炼,就像现在的土炼油一样,有个锅炉就行了,得到汽柴油后把其余的就扔掉了,这是对石油最粗糙和浪费的利用。就相当于大好的蟠桃被孙猴子吃了一口就扔掉一样,洒脱却很奢侈。现代工业对石油的利用,从采得原油开始就进入了被充分炼制加工的历程。总的来说,主要分三次加工过程。一次加工是蒸馏,将原油混合物根据沸点的不同分离得到不同碳数组成的汽油柴油等。接下来的二次加工是将高碳数的重油和渣油进行裂化,也就是把长碳链剪断、剪短,仍得到汽柴油。三次加工是把前两次加工中产生的气体作为原料,进一步加工得到优质汽油和一系列化学品。一次加工蒸馏中,40℃ 以下的为石油气,即碳数在 1～4 之间(C_1～C_4)的气态烃;40～200℃ 的为汽油馏分,碳数在 7～11 之间,主要用做内燃机的燃料;200～350℃ 的为煤柴油馏分,为碳数在 12～18 之间的烃;超过 350℃ 以上的成分常压蒸馏很难分开,改用减压蒸馏。减压蒸馏得到的馏分产物都是碳数超过 18 的烃,按碳数由低到高分别是:润滑油,用于润滑机械;凡士林,用于制药和涂料;石蜡,用于制造肥皂或裂化制汽柴油;燃料油,用于轮船的燃料;沥青,用于铺路、建筑等;石油

焦,用于制造电石、碳棒,等等。

石油的一次加工,就可以得到很多不同的产品。这还不够,现代社会对汽油、煤油、柴油等低碳燃油有大量需要,但是总体而言,汽油、煤油、柴油馏分只占总馏分的 10%～50%,因此有必要把占了大约 40%～70% 的高碳的重油成分转化为低碳燃油,这就是二次加工。二次加工中通过使用催化剂,在合适的反应温度、压力下,裂解重质油得到低碳燃料。为了"吃干榨净",对前两次加工中所产生的一氧化碳、氢气,以及甲烷、乙烷、乙烯、丙烷、丙烯、丁烷、丁烯等低碳的气体烃类,也要充分利用,这就是三次加工。以上所说的这些 C_1～C_4 的烷烃和烯烃气体中,甲烷、乙烷、乙烯沸点很低,在常温下很难液化;而丙烷、丙烯、丁烷、丁烯在常温下容易液化,被称为液化石油气,广泛用做城市居民家庭的日常生活燃料。

石油的二次加工中有三个重要的工业过程:催化裂化、催化加氢和催化重整。

催化裂化是在高温(500℃)、有催化剂的条件下将重质油转化为轻质油的过程。所用的重质油一般是减压馏分中的石蜡油和脱沥青油,得到的轻质油为汽油、煤油、柴油等燃料,同时还伴随有裂化气,即氢气、甲烷、乙烯、丙烯等。裂化工艺最初使用的是热裂化,在高温条件下裂化重质油得到汽油。后来发展了催化裂化,因为催化剂的存在,催化裂化提高了裂化的产率并能得到品质更好的汽油等燃油。催化裂化是最大规模使用的催化反应装置(每年全世界处理量约有 50 亿吨),一般称 FCC(流化床催化裂化)。

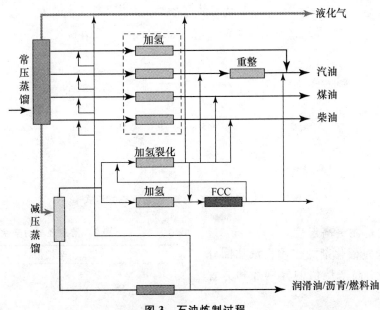

图 3 石油炼制过程

催化裂化所用的催化剂是化学界的大明星，即分子筛催化剂。分子筛十分神奇，只是简单的铝、硅，却组合成含丰富孔洞的块状材料。这些孔洞可以筛选分子，所以顾名思义被称为分子筛。铝，例如铝矾土，不稀奇；硅，例如石英砂，也不稀奇。化学家将这两种组分成功组合，人工合成出明星材料分子筛，太神奇了。分子筛的人工合成始于 20 世纪 40 年代。60 年代 Mobil 公司合成了高硅沸石 ZSM-5 并迅速在炼油工业中应用，由此开始了分子筛合成与应用的新时代。分子筛一经推出，立刻横扫全世界的炼油厂，也为 Mobil 公司赚得了大笔的美金。真是知识创造财富的动人故事呀！

催化加氢是在高温（350～450℃）、高压氢气氛下通过催化剂的作用对重质油和粗汽油的处理工艺。

直接蒸馏得到的汽油馏分往往含有硫、磷、钒、钼等有害成分，这些成分会生成环境污染物，还会使后续工艺中的催化剂中毒。早先的加氢装置是为防止后续工艺（如重整）催化剂中毒而设的预处理过程，但近二十年来，随着环保标准的日趋严峻，加氢脱硫已成为降低油品（柴油、汽油）中硫含量的最重要手段，有些油品甚至需要二次和深度脱硫。深度脱硫（欧洲三号标准：汽油中硫浓度小于 30 ppm），主要是脱除复杂杂环化合物中的硫，如，二苯并噻吩中的硫。二苯并噻吩的两个苯环夹着一个硫原子（图 4），这就好像两个身强力壮的保镖夹着一个疑犯，想逃脱可是非常不容易！近年来，全世界都对油品的脱硫给予高度重视，环保专家和政治家们制定了越来越苛刻的硫排放标准，所以深度脱硫乃至无硫汽油成为令化学家绞尽脑汁的课题，深度脱硫与保持油品品质是石油炼制中催化研究的难题。

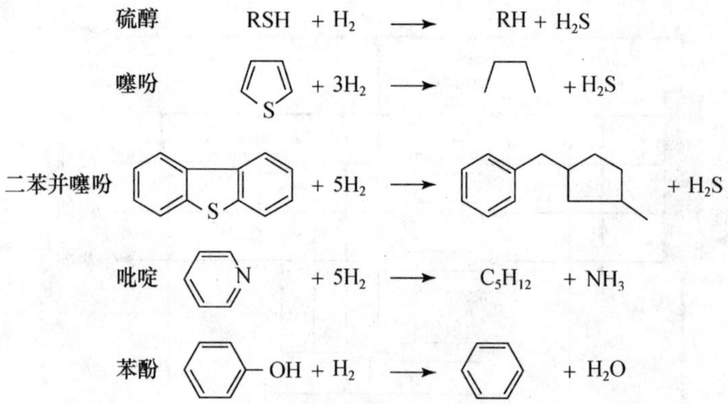

图4 催化加氢脱硫、脱氮、脱氧反应方程式

催化重整是在更高温度（450～550℃）和氢气氛下，通过催化剂的作用把汽油馏分中的直链烃变为高辛烷值的异构烃和芳香烃的过程。

先出一道智力测试题。把8个碳原子两两连在一起，有多少种连法？除去8个碳原子排成直线的这种直链烃（正辛烷）以外，其余连法生成的烃就叫做支链烃或者异构烃。人们发现，以异辛烷（2,2,4-三甲基戊烷）为燃料时气缸内很少发生爆震现象，而以正辛烷为燃料时最容易发生爆震。因此，人们定义异辛烷的辛烷值为100，正辛烷为0。加油站中经常可以看到标着93♯,95♯…的汽油，即是指汽油中的辛烷值。常见烃类的辛烷值见表2。

表2 常见烃类的辛烷值

烃	辛烷值	沸点/℃
正戊烷	62	36
正己烷	26	69
正庚烷	0	98
正辛烷	0	126
二甲基庚烷	13	118
环戊烷	85	49
环己烷	77	81
苯	>100	80

从表2可看到，正构烷烃中低碳烷烃辛烷值较高，而正构烷烃辛烷值显然低于异构烷烃，芳烃辛烷值又高于异构烷烃。重整反应的目的一是异构化，二是芳构化，重整反应基本上不改变油品的碳数而显著提高了油品的辛烷值，改善了油品品质。

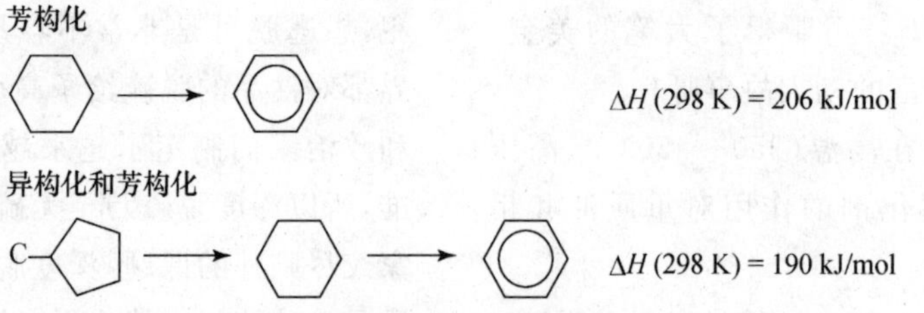

图5 催化重整的化学反应方程式

表3 25年间石油的交易价格

时间	交易价(美元/桶)	时间	交易价(美元/桶)
1983-06	30.38	2004-05	42.33
1986-07	10.42	2004-10	55.17
1990-10	40.40	2005-08	61.57
1994-03	14.08	2006-01	68.35
1998-12	10.72	2006-04	75.17
2002-06	24.29	2006-09	～60
2003-03	37.78	2007-08	～80

2. 煤化工

煤是与石油同等重要的另一能量来源。从人类社会发展过程看，煤比石油更早登上工业舞台。以煤为能源的蒸汽机的利用，结合纺纱机的发明，揭开了第一次工业革命的序幕。从那时起，煤就成为世界各国追寻和重用的能源。至如今，煤仍然是社会进步、工业发展最重要的能源支柱之一。

我国是一个石油相对贫乏的国家，煤炭在我国的一次能源蕴藏中占了90％以上。油少煤多的这种能源结构，决定了我国的煤炭利用技术需要得到高度的重视和发展。

煤是由大量的杂环芳烃和稠环芳烃组成的聚合物，含有硫、砷和金属等微量杂质。煤是古代植物在地层中经过长期的地壳作用炭化而成，不同的埋藏时间形成不同种类和性质的煤。根据煤在地壳中的埋藏时间由短到长可分为泥煤、褐煤、烟煤和无烟煤。其中泥煤含水量较大，约为70％～80％，热值最小；褐煤含水量约为30％，热值相对较大；烟煤在直接燃烧时会放出大量的黑烟，热值比褐煤大；无烟煤炭化程度最高，含碳量最大，不易燃，热值最大。同时，不同地域开采的煤其含硫量往往有很大差别。根据含硫量的多少，也可分为无硫煤、低硫煤和高硫煤。

与石油炼制不同，煤的利用迄今仍没有实现在初始阶段消除潜在的污染源，因此煤的燃烧不但将煤本身固有的硫和氮以NO_x、SO_2等形式释放出来，还在燃烧中产生了大量的粉煤灰。以燃煤电厂为例，主要污染物的浓度见表4。

表4 煤燃烧的主要污染物及其浓度

成分	浓度	成分	浓度
NO	400～700 ppm	CO_2	10％～12％
NO_2	2～5 ppm	粉煤灰	5～20 mg/m³
SO_2	500～2000 ppm	H_2O	6％～8％
SO_3	2～20 ppm	O_2	4％～5％

我国大型电站绝大部分是常规的燃煤电站，其燃料消耗约占全国煤年产量的32.3％(1995年)。目前，全国发电装机总容量约为2.2亿千瓦，根据国家电力公司规划，到2010年将达5亿千瓦，到2020年将达7亿千瓦，其中，火力发电设备，90％以上仍是常规的燃煤蒸汽发电机组。为了减少煤的直接燃烧所带来的严重污染排放问题，随着科学技术的进步，一些新的燃煤发电技术将会在我国得到发展，但常规燃煤电站和大中型燃煤工业锅炉还在大力发展之中，其污染防治问题还是要采用烟气脱硫和燃烧过程中脱除污染物等技术来解决。

燃煤所造成的污染已成为制约我国国民经济和社会持续发展的一个重要因素，也已成为国际上，特别是周边国家和地区对中国关注的热点。如不采取有力的治理措施，这种局面将会加速恶化，这将直接关系到我国13亿人口的健康和18亿亩耕地的保护以及国际关系等国家大计。

显然，煤作为燃料直接燃烧并不是好的利用方式。除了直接燃烧外，煤还有其他的利用方式,例如煤干馏、煤液化和煤气化等。

煤液化,也叫煤变油,主要有两种方式。一种是直接变油,另一种是间接变油,即先由煤制得合成气,再由合成气制得油品。煤直接液化变油这种想法是极其吸引人的,如果得到和原油一样的产品,后续可直接利用现有的石油炼制技术作深加工。但迄今,这种想法还只是梦想。

通过合成气间接变油是先将煤气化得到氢气和一氧化碳,氢气和一氧化碳的混合气体叫做合成气。接下来,以合成气为原料,通过不同的催化反应制得油品,或得到甲醇,或得到其他化学品。这就是合成气化工。近年,由于石油价格飙升,合成气化工受到各国政府的空前重视,有人认为在石油走向短缺时,合成气化工是唯一实用的,可以立刻用来代替原油生产汽柴油和其他基础化学品的工业路线。依我所见,此言不虚。

合成气在历史上曾经为人类作出过巨大贡献,这就是指合成氨。我在第一讲时曾说过合成氨的发明拯救了人类的故事,合成氨中所用的氢气就是由合成气得来的。

合成气是以一氧化碳和氢气为主要成分的混合物,来源于高含碳的原料。煤化工中通过煤的气化产生合成气。近二十年来,大量的天然气田被发现,人们对甲烷的利用高度重视,合成气也可通过甲烷的重整反应获得。由此,合成气化工成为煤和天然气转化的共同平台,地位十分重要。之所以说十分重要,是因为合成气可以转化为甲醇或者通过费托(F-T)合成转化为液态烃燃料。

甲醇合成始于九十多年前。甲醇是重要的化工原料,广泛用于合成各种含氧化学品。近年来,甲醇汽油受到高度重视和推广。甲醇是一种高辛烷值的组分,掺入汽油后能提高汽油的辛烷值,增加汽车的机动性。同时甲醇含氧,能降低汽车尾气排放中的一氧化碳。目前,甲醇主要还是作为化工原料,这约占甲醇利用的 90% 以上。从长远看,石油/天然气资源的枯竭是早晚的事,因此合成气制甲醇是未来最有可能替代油气资源,实现由煤制取液体燃料的有效途径之一。

$$CO + 2H_2 \xrightarrow[300℃,1atm]{Cu/ZnO} CH_3OH \qquad \Delta H^{\ominus} = -90.8 \text{ kJ/mol}$$

合成气制甲醇历经九十多年的研究开发,目前已达到可与石油炼厂媲美的规模,日产 2000～2500 吨乃至更大的合成塔及配套技术已经获得工业应用。

甲醇合成早期是高压合成法。以氧化锌、氧化铬为催化剂,在 330～400℃,10～30 MPa 的条件下合成,耗能大,并且得到的甲醇质量差。1967 年成功利用了铜基催化剂低压合成甲醇,发展到现在,甲醇合成中催化技术已相当成熟。低压合成工艺使用 $Cu/ZnO/Al_2O_3$ 催化剂,不仅反应条件相对温和(230～270℃,5～10 MPa),降低了能耗,而且反应的选择性和产率都很高,催化剂寿命也很长,适合连续化生产的要求。

费托合成也始于八九十年前。1922 年两位德国人 Fischer 和 Tropsch 发现铁催化剂作用下,一氧化碳加氢可以得到碳数分布很宽的混合烃($C_1～C_{40}$ 的烷和烯),这一过程后来被称为 F-T 合成或费托合成。费托合成是间接由煤制油的反应。第二次世界大战期间,德国遭到石油禁运,飞机和战车使用的煤油、柴油等油品奇缺,而德国又是个煤炭大国,在这种背景下,德国大力发展费托合成工业。1936 年费托反应首先在德国实现工业化,1945 年随着德国的战败投降而停止。20 世纪 50 年代,南非因为受到国际制裁,石油短缺,于是又大力发展费托合成工业,建立了大型的煤变油工厂,成立了 Sasol 公司。70 年代初的两次石油危机也促进了世界范围内各国对费托合成的研究和发展。

随着工业发展,现在费托反应的工业催化剂已扩展到 Fe、Co、Ni、Rh、Ru 基担载催化剂,以氧化铝、氧化硅为载体,反应温度在 $200 \sim 400\ ℃$,压力为 $4 \sim 8\ MPa$。从催化剂看,Fe、Co 最具有工业价值,廉价且活性高。化学反应方程式如下:

$$n CO + (2n+1) H_2 \xrightarrow[300℃,1atm]{Fe\ 催化剂} C_n H_{2n+2} + n H_2 O \quad \Delta H^{\ominus} = -200\ kJ/mol$$

费托合成因其重要性,是研究得最多也最广泛的催化反应之一,但迄今机理仍不清楚。费托合成的本质特征是碳链的增殖,而这种增殖似乎一旦发生就不可能停止,某些中间物还可能发生二次反应。因此,费托合成的主要产物是一系列烷烃和烯烃的混合物,碳数居于 $1 \sim 40$ 之间,其他是少量的含氧化合物。催化剂和反应条件可以显著改变不同碳数产物在混合物中的比例,使某一碳数区间的产物如 $C_5 \sim C_{20}$(燃料油馏分)达到较高,但是却不能让其他碳数的产物消失,这一现象被称为 Schulz-Flory-Anderson 分布(常简写为 SFA 分布)。

SFA 分布充分显示了平行反应间和串联反应间的互相制约:这些反应发生时所需要的条件包括催化剂上的“活性位”都太相似了。通过这些活性位将 CH_x 添加到长碳链或短碳链上应该说没有什么区别,只取决于活性位周围底物“出现”的概率,而 SFA 分布似乎正反映了反应底物在众多活性位周围“随机”分布的结果。

受 SFA 分布的限制,费托合成产物分布宽、选择性差似乎不可避免。催化研究者一直在寻求突破 SFA 分布,希望找到高活性、高选择性的催化剂,实现一氧化碳加氢制乙烯或一氧化碳加氢制异构烃($C_4 \sim C_8$ 支链烃)。后者近年被称为异构合成(iso-synthesis)。

三、污染防治绿色篇

煤、石油等一次能源的使用推动了社会的进步、工业的发展。到 20 世纪 60 年代,欧美先进工业国逐渐走入发达国家之列,但随之而来的痛苦却在那里守候,这就是环境污染。人们最初见到的环境污染是局部的,如伦敦的雾、泰晤士河的脏、洛杉矶上空的光化学反应、日本的水俣病,等等。后来,人们发现情况远没有那么简单,人类对大自然的掠取已经严重地破坏了地球的生态系统,再不行动将会反过来危及人类的生存。人类毕竟是智慧动物,随着反省程度的提高,从治理污染到消除污染到从源头上消除污染到绿色化学到可持续发展,发达国家和跨国公司从此走上了追求人类与大自然和谐共赢之路。

我国现代化起步较晚,一般认为比发达国家晚了三四十年。不幸的是,发达国家当年经历的痛苦在今天的中国又有重现之势。在我国,工业“三废”最直接带来的结果是大气污染和水污染。我国的污染状况非常严重。1998年国际卫生组织公布了他们的一项调查报告,选出了世界空气污染最严重的十大城市,分别是:太原、米兰、北京、乌鲁木齐、墨西哥城、兰州、重庆、济南、石家庄、德黑兰。十个城市中我国占了七个,太原名列第一,北京名列第三。

大气污染已经成为我国最严重的环境问题。这里有一个小故事。1979年,联合国环境规划署通过遥感卫星对世界各地的环境状况进行调查,当遥感卫星面向中国的东北地区时,他们惊奇地发现辽宁省的本溪市突然"失踪",卫星地图上不再有原来的城市。本溪市占地43.2平方千米,既没有迁移,又不可能湮灭,那它是跑到哪儿去了呢?后来才发现,原来是本溪市上空蒙上了厚厚的一层烟云,遮掩住了整个城市。辽宁本溪是一个工业城市,其工业造成的大气污染可见一斑。

在我国的各种污染源中,煤的燃烧首当其冲,燃烧所产生的SO_2、NO_x是造成大气污染的最主要的气体,伴随而来的巨大量的飘尘某种程度上已经成了"中国特色"。

NO_x、SO_2对环境的污染来源于人类生产活活动本身,主要来自于化石燃料(油品、煤和天然气)和生物质的燃烧。石油、煤和天然气中都含有大量的硫、氮化合物,燃烧时便释放出NO_x和SO_2,这是NO_x、SO_2的初始来源。因此,减少NO_x、SO_2的初始生成是消除污染的第一道防线,被称为清洁技术。NO_x、SO_2生成后的脱除是消除污染的第二道防线,被称为清除技术。

由于石油炼制过程中已经很好地考虑了脱硫和脱氮,所以油品的污染主要来自燃烧过程中在高温区生成的NO_x,即空气中的氧气把空气中的氮气氧化了:

$$N_2 + O_2 \longrightarrow NO_2 + NO$$

经过多年研究,人们现在已经有了比较成熟的方法消除这部分NO_x,道理其实颇简单:怎么来的怎么回去!采用催化剂,最著名的叫"三元催化剂",就可以让NO_x"还原"为氮气。

从化学家的角度看,脱硫也不复杂。脱硫的设计思想可分氧化和还原两条路线。根据对SO_2浓度的考虑,催化脱硫前期步骤可采用吸附法使SO_2浓缩,或不用吸附,直接对烟气进行处理。总体网络如图6所示。

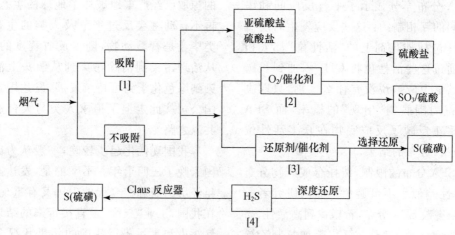

图6　催化脱硫总体设计网络图

由此可见，催化脱硫从技术上有多条路线都是可行且有效的。虽然催化脱硫在科学和技术上都没有问题，但工业上所用的烟气脱硫技术却并不是催化脱硫。原因在于湿法钙基脱硫技术太成功了！所谓湿法钙基，就是用石灰浆脱除 SO_x。石灰化学名称为碳酸钙，碳酸钙和水混合就是石灰浆，过去刷墙面用的就是石灰浆。这种石灰浆可以很好地吸收 SO_x 而生成硫酸钙。什么是硫酸钙？硫酸钙就是石膏，建材上广泛使用的石膏板就是用硫酸钙做成的。说到这儿，还有个故事。话说美国早在 20 世纪 50 年代就开始用石灰浆脱除燃煤电厂排放的 SO_x，由于发电用煤量巨大，脱硫后的废弃物也堆得越来越多，远远看去像一座座小山，被讥为"白色污染"。实际上，硫酸钙（也就是石膏）是自然界存在的一种矿物，污染倒不是问题，问题是很难看，成了电厂的"一景"。不成想，天无绝人之路。到了 70 年代，建材业获得了高速发展，石膏矿就火爆起来了。石膏矿火爆了，价钱就走高，商人就动起了这一堆堆脱硫废弃物的脑筋。到电厂一问，电厂喜从天降，答复说不要钱，随便运，运得越快越多越好。这样一来，没几年，"白色污染"便消失了。后来，经销商再想要脱硫的废弃物硫酸钙就没那么容易了，要订货，要付钱。因为硫酸钙有了出路，还能挣一点小钱，电厂脱硫的积极性就很高了。

$$SO_2 + CaO \longrightarrow CaSO_3$$
$$2CaSO_3 + O_2 \longrightarrow 2CaSO_4$$

湿法脱硫还有一个巨大的好处，就是把燃煤烟气当中的粉煤灰一并脱除了，所以欧美大电厂附近根本看不见灰尘。

我国目前电厂脱硫正在走向正轨，国家和地方政府陆续出台了一些排放标准对电厂的污染行为加以束缚。电厂要脱硫，就要花钱，这当然会是个问题。但在我国全面实现燃煤电厂脱硫脱粉尘，还面临资源上的问题，这又是一个先天不足的问题。湿法脱硫需要大量的水，而我国是个水资源短缺的国家，大部分的北方电厂都面临着缺水的问题。钙基湿法脱硫虽然简单有效，但在我国施行就有困难。

那么，不用水或少用水能不能脱硫？能！

湿法脱硫是将烟气通过吸收液，例如石灰浆，将烟气中的 SO_x 转化为液体或固体化合物。干法脱硫是以固体粉末作为吸收剂，吸附 SO_2 和 SO_3 而进行脱硫。总体来讲，干法设备庞大，技术复杂，投资高。有一些复杂工艺（如 NOXSO）已完成试验，但终因成本高昂不能大规模推广应用。

说到 NOXSO 工艺，还可以说个故事。20 世纪 90 年代中期，美国能源部投资约三千万美元与 NOXSO 公司合作开发了 NOX-SO 干法脱硫技术，该技术号称是面向发展中国家的技术，因为发展中国家有很多电厂面临缺水的困扰。该技术以浸渍了碳酸钠的 γ-Al_2O_3 圆球为吸附催化剂（同时起吸附和催化作用），一并除去烟气中的 SO_x 及 NO_x。经过数年努力，该技术终于完成了工业试验，试验地点选在尼尔斯电厂。这套装置将多个技术集成起来，占地面积小，脱硫脱氮效率高，运行中基本达到 90% 的脱除率。工业试验完成后，大家都很满意，认为很成功。因为尼尔斯电厂配合有功，能源部最终决定把这套装置免费送给尼尔斯电厂，也算是感谢之意吧！但出乎意料，尼尔斯电厂不要。尼尔斯电厂说："你们拆走吧,我不要。装置免费送给我,但我付不起每年的运行费!"

这个故事很有代表性,说明了干法遇到的困难不是化学上的、工程上的,而是经济上无法和湿法钙基技术媲美!

四、未来能源奋斗篇

上文中说了过去和现在人们对能源的利用情况,主要还是对煤、石油、天然气这些化石能源的利用。我们知道,化石能源都是不可再生的,总有用完的一天。那么在化石能源耗竭之后,人类未来的能源是什么呢?什么才能代替煤、石油、天然气呢?这是一个世界各国都在考虑和全力解决的战略性问题。

我们再来看看煤、石油、天然气的来源。它们都是来源于亿万年前的动植物残渣,这些残渣被埋在地下,地壳的运动和能量交换把它们变成化石能源。没有那亿万年的埋藏,是不可能由残渣变成能源的。现代社会在将近 200 年的时间里把这些化石燃料挥霍一空,再没有机会以待亿万年后重新获得这些化石能源。那么,现代社会能不能发明一种技术,跳过掩埋步骤,将生物质变为能源呢?生物质廉价、可再生,生生不息,吸收太阳能并将能量储存到植物有机体中。

1. 天然气和沼气

在谈生物质转化为燃料之前,我们再补充说说天然气。相比于石油和煤,作为化石能源的天然气还有大量的储备,还可以在接下来的世纪里作为人类社会的能量来源,因此现在人们正努力开发天然气的利用,希望

能用它来代替石油和煤。虽然来源于远古动植物残渣的天然气是不可再生的,但人们可以制得沼气。沼气是秸秆、树木、花草、人畜粪便等有机物,在沼气池等隔绝空气的环境下,通过微生物的发酵作用而生成的一种可燃性气体混合物。与天然气相同,沼气的主要成分是甲烷,约占 $60\% \sim 70\%$,其他的是碳的氧化物、硫化氢等气体。沼气在很大程度上可以代替天然气,从这个方面来讲,天然气、沼气或者说甲烷,完全可作为未来的可持续能源。世界各国对沼气的利用非常重视。英国建立了甲烷自动化工厂,通过厌氧菌消耗转化农场废弃有机物,据估计,英国通过制取沼气所获得的甲烷可以代替英国煤气消耗量的 25%。日本、美国等发达国家也都有它们的沼气工业。

目前对天然气、沼气的利用主要是作为民用燃料,也有用做发电,但规模有限,原因在于成本高。特别是通过甲烷转化为合成气,再由合成气得到燃油的过程,在当前的工业技术水平下,很难高效低成本地进行。因此,在寻找到一种高效的甲烷活化制备燃油的工艺前,甲烷作为未来能源结构主体的前景不太被看好。

2. 生物乙醇

以生物质为原料通过发酵法合成的乙醇,叫生物乙醇。它可以单独作为燃料或者与汽油混合作为燃料,后者叫做乙醇汽油。生产生物乙醇的原料有小麦、玉米、甘蔗、红薯、秸秆,等等,由此就有了玉米乙醇、蔗渣乙醇等分类。人类很早以前就已经掌握通过发酵来制取乙醇的方法,用谷物发酵来制酒就是一个很好的例子。

目前世界上生产和使用乙醇汽油的国

家主要是美国和巴西。美国使用玉米生产乙醇,巴西使用甘蔗。各国对乙醇汽油的重视程度都非常高,认为是可取代传统油品的重要燃料。如 2005 年美国就通过了一项能源法案,要求将 2005 年的 40 亿吨的乙醇年产量提高到 2012 年的 75 亿吨,用来替代进口燃油。

3. 生物柴油

1988 年德国的聂尔公司第一次以菜子油为原料得到了生物柴油,因其可再生性和洁净性的特点很快得到了世界各国的重视和推广。生物柴油是以大豆和菜子等油料作物、油棕等油料植物果实以及动物油脂等为原料,从中提取出动植物油,与甲醇发生酯交换而得到的脂肪酸甲酯。现在生物柴油所使用的基本上都是植物油。植物油是碳数为 14～18 的碳链长度的脂肪烃,与柴油的碳数接近。因此,植物油形成脂肪酸甲酯即生物柴油后,也具有和柴油相似的燃烧性质,可以作为燃油使用。

欧盟、美国、加拿大、巴西、日本等国家都在大力发展生物柴油。美国使用豆油为原料,年产量为 30 万吨。欧盟主要使用菜子油为原料,年产量超过 100 万吨,其中法国年产量约 40 万吨。日本的年产量也达到了 40 万吨。

4. 谷物争夺战

目前世界多国正在把生物乙醇和生物柴油当做未来的能源来发展,投入了大量的资金进行研究、建厂,特别看重的是它们所具有的可再生、清洁等优点。但从目前的情况看,这类能源有一个最大的问题,就是与人争粮,因为它是以玉米、大豆、甘蔗、菜子等作物为原料。

从全世界范围来讲,粮食仍不够充足。人类 20 世纪 80 年代才解决了全球性的温饱问题,即粮食供应达到基本平衡,但在一些非发达地区,特别是非洲的某些国家和地区,人们的粮食来源仍然是大问题。有数据显示,现在全世界每天就有 1.6 万儿童死于与饥饿有关的疾病。目前与人类基本生存有关的粮食问题并没有得到全球范围的解决。

前面我们说过玉米乙醇神话,因为现在美国全部谷物产量只供应所需燃料的 3.7%。假如让美国 3 亿公顷耕地全部都用来生产作为生物乙醇原料的玉米,也只能满足当前需求的 15%。

通过玉米这种粮食作物来生产生物乙醇,眼下就已经带来了社会问题。在美国、巴西,由于生物乙醇对玉米的大量需求,导致玉米价格上涨,从而以玉米为饲料的畜牧业成本增加,引发肉价上涨。特别值得引起关注的是在墨西哥。2007 年 2 月,墨西哥因为玉米饼价格的飞涨爆发了一场 7 万人的大游行。怎么回事呢?据《环球时报》报道,原来墨西哥人口一半以上以玉米饼为主食,以往每公斤玉米饼的价格还不到 7 比索(约 5 元人民币),但在连续的几个星期突然涨到了 15 比索!墨西哥的社会最低工资指标约为每天 36 元人民币,而一个墨西哥人每天大约要吃 0.25～1 公斤的玉米饼,也就是说,一个墨西哥穷人只吃玉米饼就要花掉他每月收入的 1/3 左右。当时一位示威者接受采访时说:"玉米饼是我们的主食,就像西方人平时吃的面包一样。这种食物自殖民时期就对我们有非同一般的意义。可近一段时间,各地玉米饼的价格却已平均上涨了

1倍,有些地方价格高得难以想象。这还让人怎么活!"而导致墨西哥玉米饼涨价的原因就是生物乙醇。墨西哥每年要从美国进口大量玉米,而美国大量使用玉米来制备生物乙醇,使得玉米价格一路上涨,引发了墨西哥玉米饼的价格飞涨以及这次抗议游行。生物乙醇和生物柴油的大量耗粮,势必会带来人与机器争食的困境。

5. 未来的能源趋势

那么,什么是发展生物质能的上选之策呢?这就要回答生物质来源、利用转化成本和生态环境友好等三个关键问题。统筹考虑这三方面的问题,就必须提出创新的、有自主知识产权的、未来能在国际上与人抗衡的独有科学概念和技术路线。

首先回答三个关键问题。

我国是个人口大国,稳定农业、保障粮食安全是基本国策。这也就是说,不是所有利用生物质提供能源和燃料的能源战略就一定是可持续的。生物质的来源是粮食、油料作物、草本和木本的植物。由于适耕土地的开发,种植技术的改进(种子、化肥等),我国直到20世纪七八十年代才基本解决温饱问题,即从总体上实现了粮食的供给平衡。出于环境、生态的考虑,受到宜耕面积和单位产量的制约,未来大幅度提高粮食、油料生产总量的余地已很有限,因而以淀粉、食用油、小分子糖类为起始原料生产燃料显然不可取,因而也是不可持续的。利用纤维素、木质素等为原料(来源于秸秆、麦草、树木枝叶等)制取生物质燃料遂成为最符合可持续发展战略的选择。限于国内统计数据有限,我们这里参考一下美国和欧盟的数据:美国农业部(1998)认为在保障食物、饲料和出口等消费的前提下,美国的农业和林业能够可持续地生产相当于38亿桶石油/年的干生物质(dry biomass),相当于美国年石油消费(约70亿桶)的54%。欧洲生物质工业协会(2005)的估计支持以上数据。该协会认为,欧洲、非洲和拉丁美洲每年可持续提供相当于14、35、32亿桶石油的生物质资源。由此可见,生物质能的开发利用前途在干生物质,即不可食用的生物质,非粮生物质。作为补充或调剂,特别是作为废弃物的再利用手段,生物乙醇和生物柴油都是可行的,但生物乙醇和生物柴油不能作为未来能源的主体!

干生物质的主要成分是纤维素、半纤维素和木质素。简单地套用现有的工业技术就可以转化干生物质。通常的路线有二:一是将干生物质转化为合成气($CO + H_2$),然后经由合成气化学制备油品和化学品。二是先将纤维素、半纤维素在酸性条件下或在生物酶存在下水解,即酸解或酶解,然后经由糖化学制备氢气、油品或化学品。第一条路线成熟实用,但能量利用上不合理,就是说,投入的能量消耗比产出的能量要大,事倍功半。第二条路线是个多步骤(multi-steps)过程,不但步骤多,而且某些步骤效率低(如酶解),有污染(如酸解),总体上也存在能量利用不合理的问题,即投入的能量消耗比产出的能量要大,事倍功半。持续地改进这一条路线目前受到很多关注,经巧妙构思,在能量上大致合理的条件下已有直接生产燃料油的报道(Science,2004)。所以,干生物质的转化从科学和技术上没有困难,在于能量利用的合理性,在于要实现事半功倍而不是事倍功半。

干生物质来源广泛,未来的开发利用模式可能不会像化石资源那样采用大规模、超大规模的生产方式,而是要采用高度集成的小型反应器体系,就地加工生产燃料或化学品。这就意味着有可能连锁且大范围地产生环境污染。严重到一定程度,就会破坏生态平衡。我们都知道,化石资源在开发利用过程中已经对环境和生态造成了严重的伤害。近二十年,经过工业界坚持不懈的努力,污染的势头才得到控制,在欧美甚至达到了反馈自然,人类与自然和谐发展的局面。这种局面来之不易,也提醒我们在利用生物质之初就要统筹考虑对环境的影响,只有支持和发展从源头上不产生污染的绿色过程才符合国家的总体战略目标。

综上所述,开发利用生物质能要实现"简约、节能、方便可行、环境友好"。又因能源涉及国家安全的核心利益,这就要求研究者实现从源头上的创新,发展有自主知识产权的,未来能在国际上与人抗衡的独有科学概念和技术路线。乐观地说,生物质能的开发利用在欧美也只是近几年的事,如果我国能集中精力办好这件大事,我们就有可能在未来的国际能源竞争中摆脱数十年来的被动局面,其意义不可小视。

那么,将干生物质变为燃料,前途在哪儿呢?前途在纤维素!

纤维素的来源非常广,树木、杂草、秸秆等,都是纤维素的来源。与淀粉相似,纤维素也是由葡萄糖分子聚合而成的,只是更坚固,不易分解。因此,如果能利用纤维素中的糖分制取乙醇,一方面解决了原料的来源问题,不会与人类"争食",另一方面又利用了乙醇能源清洁、可再生的优点。

柳枝稷　　　　　　　　　　棉花

高粱　　　　木材　　　　稻草

图7　几种可作为生物质来源的植物

纤维素、半纤维素和木质素都是聚合物,前两者是糖苷键连接的葡萄糖聚合物,后者是由醚键连接的苯丙烷类聚合物。转化利用这些生物质最好的办法是先使其解聚,但我们可以理解,聚合物的解聚,像日常生活中聚合物薄膜的解聚一样,至今对化学家还是个大难题。相比较而言,淀粉的解聚最容易,纤维素较难,木质素和人工合成的聚合物更难。

纤维素和半纤维素的解聚已经有了大量的研究,但迄今大概也只有两条路线可行。一是在酸性水溶液中使其慢慢解聚,这就是酸解,在有催化剂存在时,酸解会变得比较有效率。另一种是近十年来很受关注的方法,就是在酶的催化作用下使其解聚,简称为酶解。这两种方法,效率都不高,不适合连续化生产,而且产生的大量废水,如果不加处理会严重污染环境。由于目前还没有更好的方法使生物质解聚,所以当前国内外关于生物质能的开发利用研究多还是基于以上两条路线之一,如一时引起众多关注的 Dumesic 教授的工作(*Nature*, 2004;*Science*, 2004)。无论是生物质制氢还是制燃料油,依据的仍然是将纤维素先解聚转化为葡萄糖单体。

这些非粮生物质,就像煤和人工合成聚合物一样,如果不解聚,那么想转化利用就只有把它们烧掉。再好一点的办法,就是通过重整反应,将它们转化为合成气($CO+H_2$)。转化为合成气后加工利用都非常方便,问题是这些生物质能量密度比煤低得多,仅相当于煤的一半或三分之一。而在煤的转化中,我们已经知道将煤转化为合成气的费用约占煤制油成本的 60%。这就是说,除非有新的技术突破,否则将这些生物质制成合成气就是得不偿失、事倍功半。

在所有的化学化工技术中,效率最高、最绿色的技术是催化技术。利用催化技术,将上述多步过程或高耗能的过程简化为一步或简化为低耗能过程显然是最佳的选择。但迄今,这类有创意的工作还不多,这也就是为什么少数的几个领先工作都是发表在 *Science*,*Nature*,*JACS* 等顶级期刊上的原因吧!生物质能的利用方兴未艾,人们强烈地期待科学上的突破,因为依托传统工业技术的生物质转化路线很明显已经黔驴技穷。催化新技术的研究和开发是实现该过程的核心。

长远来看,从纤维素出发,直接获得乙醇或多元醇,从而构建取代合成气的新的能源平台,是未来能源的发展趋势。

分析化学与我们的生活

——从"9·11"恐怖袭击谈起

刘虎威

我们知道,化学是一门中心学科。而化学又可分为几个二级学科,包括有机化学、无机化学、物理化学、分析化学、高分子化学、应用化学等。进一步,还可以细分为生物化学、药物化学、环境化学、临床化学、材料化学、能源化学、核化学、石油化学等。本讲将从我们的生活实际出发,通过人类社会发展所经历的一些事件,谈谈分析化学对社会的贡献及其发展趋势,以期读者对分析化学有一个总体的了解。

一、"9·11"恐怖事件与分析化学

2001 年 9 月 11 日,恐怖分子劫持两架民航客机撞向纽约最高的建筑。作为纽约标志性建筑的世贸中心双子塔遭到了致命的攻击(图 1),顷刻之间化为废墟,数以千计的生命化为乌有!"9·11"恐怖袭击改变了美国人的生活,也改变了世界。美国很快发动了阿富汗战争,随后又发动了伊拉克战争,这对全球的政治经济产生了深远的影响,在很大程度上改变或正在改变着地球人类的生活。我们这里仅对"9·11"恐怖袭击事件后,分析化学在确认死难者身份的过程中所发挥的作用作一介绍。

"9·11"恐怖袭击之后,数以千计的遇难者或被炸为碎片,或被埋在千万吨的废墟中。如何核实死难者的身份,就成了纽约警方所面临的一个问题。2004 年 4 月,美国《分析化学》杂志对此作了深入的报道[1]。

对于完整无损的尸体,身份鉴定并不复杂。但是对于炸成碎片或高度腐烂的尸体,就必须经过 DNA 鉴定,才能确认死者身份。纽约警察局的实验室专业人员从成千上万吨的钢材、水泥、石块、砂土组成的废墟中仔细寻找和收集各种人体组织,包括尸体碎片、头发、牙齿、血迹等生物样品,然后在实验室进行处理(图 2),最后经过 DNA 分析(图 3)、测序、比对,以确认遇难者的身份。

图 1　2001 年 9 月 11 日前(左图)后(右图)的纽约世贸中心双子塔

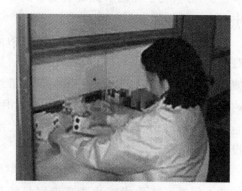

图 2　技术专家在处理生物样品

图 3　用 DNA 测序仪分析样品

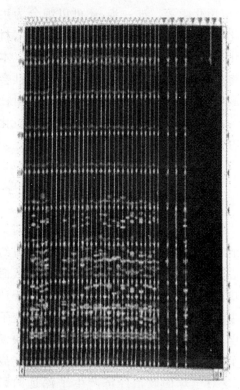

图 4　DNA 测序结果举例

大家知道,所谓 DNA,就是脱氧核糖核酸,它是生物的遗传物质基础。每个人的 DNA 都携带着来自父母亲的遗传基因。在鉴定遇难者身份时,警方的技术专家根据样品情况进行两种 DNA 分析。首先是核 DNA (NucDNA) 分析,即测定来自细胞核中的基因,将此基因与双亲的等位基因比对(如图 4),就可鉴定死难者。第二是线粒体 DNA (MtDNA) 分析,即测定来自细胞质中的基因,MtDNA 只来自母亲一方。通过这两种 DNA 分析(即基因测序),就可确证人的身份。现在,在空难事故或自然灾害(如强烈地震)中,也多采用 DNA 技术来确认死难者身份。

那么,基因测序与分析化学有什么关系呢?简言之,基因测序所采用的技术主要是凝胶电泳,现在多用阵列毛细管电泳技术(见下文),这是典型的分析化学方法。所谓分析化学,就是发展和应用各种方法、仪器和策略,以获得有关物质的组成信息和性质数据的一门科学。正是基于分析化学的方法,基因测序技术在刑侦和法庭科学中应用也很广泛,比如,罪犯身份的确认,亲子鉴定等,也都是通过基因测序和比对来实现的。随着现代科学的发展,基因测序技术也有了很大的进步。特别是在"人类基因组计划"的研究中,这种技术的进步发挥了至关重要的作用。

二、人类基因组计划与分析化学

1990 年,在美国政府部门和英国相关机构的资助下,科学家制定了一项宏伟的研究计划,即国际人类基因组计划(HGP)。世界上众多实验室包括中国的基因实验室都参加了此项目。这项计划总投入约 30 亿美元,其目标是到 2005 年完成对整个人类基因组的测序。开始,人们采用传统的凝胶电泳方法,但是测序速度太慢,难以按时完成研究计划。后来,几位杰出的分析化学家,包括美国东北大学的 B. Karger 教授、加拿大阿尔伯特大学的 N. Dovichi 教授(现为美国西雅图的华盛顿大学的分析化学教授)和美国衣阿华州立大学的 Ed. Yeung 教授,研究发展了阵列毛细管电泳(CAE)技术(图 5 和图 6)。这种技术首先将传统的凝胶电泳改为在毛细管中进行,称为毛细管凝胶电泳,使得测序速度大为提高,继而采用 96 根毛细管的 CAE,可以在 2 小时之内对 500 多个碱基对进行测序,这比基因组计划开始时使用的技术的测序速度加快了一倍,最终不仅完成了十余种模式生物(从大肠杆菌、酿酒酵母到线虫)基因组全序列的测定工作,还在 2003 年提前完成了人类所有基因的全序列测定。所以,有人说,是分析化学家拯救了人类基因组计划[2]。

B. Karger 教授　　N. Dovichi 教授　　Ed. Yeung 教授

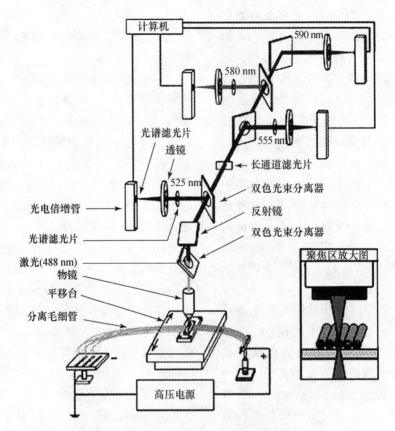

图5 四色板共聚焦荧光 CAE 扫描检测示意图

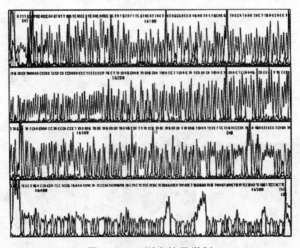

图6 CAE 测序结果举例

基因测序(也叫基因组学)是人类认识自身的里程碑,它为疾病防治、寿命延长展现了光明的前景。现在已有商品化的 384 根毛细管阵列电泳仪器,测序速度可提高 4 倍。水稻基因测序的工作[3,4],也是与此分不开的。这都是分析化学对整个科学发展的贡献。

基因测序完成之后,人类进入了所谓后基因时代。众所周知,核酸(DNA 和 RNA)和蛋白质是生物最基本的化学组成成分,核酸决定着生物的特性和发展方向,蛋白质则是参与各种生命活动过程的最活跃的因素。换言之,基因组学虽然在基因活性和疾病的相关性方面提供了有力的证据,但实际上大部分疾病并不是基因改变所致。而且,基因的表达方式错综复杂,同样的一个基因在不同条件、不同时期可能会起到完全不同的作用。关于这些方面的问题,基因组学是无法回答的。所以,随着人类基因组计划的完成,科学家们又进一步提出了后基因组计划,蛋白质组研究就是其中一个很重要的内容。它旨在研究蛋白质的结构、功能及其相互作用,以揭示各种疾病的起因,最终找到彻底治疗癌症等重大疾病的方法和药物。蛋白组学研究是在人类基因测序完成以后又一项伟大的工程,它对促进人类健康、延长人类寿命将会产生不可估量的影响。目前,蛋白组学研究正在迅猛发展,但是也面临着分析检测技术的严峻挑战。因为人体的蛋白质数以万计,而这些蛋白质的结构与含量又千差万别,高丰度(含量高的)蛋白质和低丰度蛋白质的浓度可以相差 10 个数量级以上,而疾病发生早期和初期往往是低丰度蛋白质起作用。因此,如何有效地将高丰度蛋白质与低丰度蛋白质分离,并使低丰度蛋白质富集,最后有效地实现定性定量检测,都是亟待解决的问题,这也是目前蛋白组学发展的瓶颈问题之一。毫无疑问,分析化学正在,而且将为解决这些问题作出更大的贡献。

三、奥林匹克运动与分析化学

第 29 届奥运会已于 2008 年 8 月 8—24 日在北京成功召开。伴随着中国社会的进步和经济的腾飞,百年奥运梦想得以成真,华夏儿女无不为之欢欣。作为化学家,尤其是分析化学工作者,我们在关注奥运本身的体育意义之外,还会思考奥运精神以及与此相关的科学技术问题,其中兴奋剂检测就是一个不得不说的话题。

现代奥林匹克运动创始人、法国的顾拜旦为奥林匹克运动制定的誓言是:"体育比赛的重要意义不在于输赢,而在于参与。实质的东西不是征服,而是尽力比赛。"奥运会的醒目标志是在开幕式上点燃的熊熊燃烧的火炬! 然而,随着体育运动的日益商业化,运动员和教练员的压力越来越大,滥用兴奋剂的案例也越来越多。兴奋剂的滥用不仅严重背离了奥林匹克精神,破坏了公平竞争的原则,毒害了社会道德,而且极大地损害了有关运动员和教练员的身心健康。以致有人惊呼:滥用药物成了现代奥林匹克运动有毒的火炬[5]!

所谓兴奋剂,就是"使用任何形式的药物和以非正常量或通过不正常途径摄入生理物质,企图以人为或不正常的方式提高竞技能力"。实际上,国际反兴奋剂机构将广义的兴奋剂定义为(1)禁用药物、(2)禁用方法、(3)在某些运动项目中的禁用药物。就禁用药物而言,一共有 7 大类 160 余种,包括蛋白同化制剂 43 种、肽类激素 6 种、麻醉药品 11 种、刺激剂(含精神药品)37 种、药品类易制毒化学品 2 种、医疗用毒性药品 1 种、其他药品 59 种。对这些药物的检测,大都采用分析化学的方法,主要是气相色谱-质谱联用(GC-MS)和液相色谱-质谱联用(LC-MS)技术。检测分为赛场外检测(飞行检测)和赛场内检测。一般是采集运动员的尿样或血样,分为 A 瓶和 B 瓶,当场由运动员签名密封,低温保存。运到专门实验室后,按照国际反兴奋剂机构制定的严格规程,首先对 A 瓶进行分析检测,当结果为阳性时,立即通知运动员,若运动员有异议,就当着运动员的面打开 B 瓶样品进行检测,若结果仍然为阳性,则确认其未通过兴奋剂检测。如果该运动员已经获得了奖牌,则悉数收回,而且还会对运动员处以禁赛处罚,甚至判刑入狱。

大家一定知道环法自行车赛的"兴奋剂丑闻"。1998 年环法大赛开赛前,费斯蒂纳车队的沃伊特在法国边境被逮捕,因为他携带了违禁药物(包括一种叫做促红细胞生成素 EPO 的激素类兴奋剂)。费斯蒂纳车队被开除出了环法大赛,他们的队员也承认使用了提高运动成绩的药物,维朗克被禁赛 9 个月,车队领导人与沃伊特则被送进了监狱。2005 年 7 月,法国警方在萨瓦省的公路上拦截了意大利车手弗里戈的妻子苏珊娜,并从其车中发现了 10 个剂量的 EPO,而此时弗里戈正在不远处参加环法自行车赛。因此,警方在阿尔卑斯山区的比赛开始前将

他拘留。2008 年 7 月 2 日,有关法庭宣布,对达·弗里戈处以一年徒刑,缓期执行。2006 年,美国人兰迪斯成为第一个药检呈阳性的环法自行车赛冠军,他体内雄性睾酮含量超标;德国的前环法冠军乌尔里希因为不堪兴奋剂调查的困扰,已于 2009 年 2 月宣布退役。2008 年环法自行车赛再度爆出兴奋剂丑闻,英国巴洛世界车队的西班牙车手莫·杜埃尼亚斯在第四赛段结束后进行的尿检结果呈阳性(EPO),他成为这一年环法自行车赛第二位被检测出服用禁药的车手。车队马上决定禁止他参加接下来的比赛。在 1999 年和 2000 年环意大利自行车赛中也发生过类似的兴奋剂事件。

在夏季奥运会上,也发生过多起兴奋剂事件。比如 1988 年汉城奥运会,加拿大名将本·约翰逊在男子 100 米的决赛中跑出了 9 秒 79 的好成绩,后被查出服用兴奋剂而被取消了成绩。2000 年悉尼奥运会,美国选手杰罗姆夺得了男子 4×400 米金牌,但他的冠军头衔也因查出服用禁药被取消,国际田联更是给以杰罗姆终身禁赛的严厉处罚。最让人们震惊的是,美国"飞人"琼斯在 2000 年的悉尼奥运会拿到 3 块金牌和 2 块铜牌,成为一颗耀眼的体坛明星。然而,根据种种证据,国际奥委会从 2004 年开始调查这位神奇的女运动员,但琼斯一直否认有服用兴奋剂的经历。后来在巨大的司法震慑之下,琼斯终于停止了无效的抵抗。2007 年 10 月 5 日,她流着眼泪承认在 2000 年悉尼奥运会期间服用了类固醇类药物(事实上她还用过 EPO),2007 年 10 月 6 日宣布退役。这意味着,琼斯不但会被剥夺悉尼奥运会上获得的 3 块金牌和 2 块铜牌,而且还要

面临牢狱之灾。在 2008 年北京奥运会开幕前夕,被国际田联宣布药检呈阳性的中国竞走女将宋红娟遭到禁赛四年的处罚,国家体育总局田径运动管理中心接着对宋红娟的教练也给予了禁赛四年的惩罚。

美国田径运动员琼斯

回顾从 1896 年开始的现代奥林匹克运动史,可以说始终伴随着滥用兴奋剂和反兴奋剂的斗争。从 1967 年国际奥委会提出最早的禁用药物名单,到 1968 年初国际奥委会医学委员会正式宣布了专为法国格勒诺布尔冬奥会兴奋剂检查制定的禁用药物名单。从 1999 年国际奥委会瑞士洛桑成立世界反兴奋剂机构(WADA),到在联合国教科文组织第 33 届会议通过《反对在体育运动中使用兴奋剂国际公约》(简称《反兴奋剂国际公约》),再到 2007 年第三届世界反兴奋剂大会通过修订后的《世界反兴奋剂条例》(已于 2009 年 1 月正式生效),禁用的兴奋剂种类越来越多,检测兴奋剂的技术越来越先进,真所谓"魔高一尺,道高一丈"。在某种程度上甚至可以说,分析化学的发展大大促进了反兴奋剂事业的进步,而反兴奋剂的需要,又推动了分析检测技术的更快发展。

传统兴奋剂如小分子药物(尤其是外源性药物)的检测技术(主要基于 GC-MS 和 LC-MS)日臻完善,使用这些兴奋剂的运动员几乎不可能逃过被检出的命运。另一方面,由于生物工程技术的飞速发展,日益成熟的重组 DNA 技术为兴奋剂滥用提供了新的途径——重组蛋白和基因兴奋剂。这些所谓基因药物本来是用于临床疾病治疗的,但有些运动员为了侥幸逃避兴奋剂检测(20 世纪 80 年代前期尚无基因兴奋剂的检测方法),转而使用重组激素类多肽药物,特别是一些耐力运动项目如自行车和长跑运动员。然而,将基因治疗的原理应用于竞技能力的提高与基因治疗是不同的,因为使用对象是健康的运动员。基因兴奋剂虽然能改善运动员的竞技成绩,但给人体健康造成的伤害也是明显的。上面谈到的环法自行车赛兴奋剂丑闻大部分都是涉及激素类兴奋剂,如重组 EPO。健康运动员使用重组 EPO 后,随着血液变稠,将血液成功输送到全身组织就会变得更加困难,容易造成血凝块,增加了患高血压、心脏病和瘫痪的风险。因此,国际奥委会在 1989 年将重组 EPO 等激素列为兴奋剂,禁止运动员使用。目前奥运会禁用的肽类激素及相关品种包括五大项:(1) EPO(属于单链酸性糖蛋白,主要由肾脏皮质肾小管周围细胞及髓质外层细胞合成、分泌,少量来自肝脏,它的主要生理功能是促进骨髓红细胞的生成,提高机体血红蛋白的浓度,改善机体的携氧能力和增强耐力,见图7);(2) 人生长激素(hGH)、胰岛素样生长因子(如 IGF-I)、生长因子素(hGH 主要由垂体分泌产生,它最主要的生理功能是诱导肝细胞产生 IGF-I 在所有细胞中的基因表达,而 IGF-I 具有促进软骨、骨、肌肉以及其他组织细胞的分裂增殖作用,可促进机体的生长和代谢,增加肌肉的大小和重量);(3)促性腺激素(仅对男性禁用);(4)胰岛素;(5)促肾上腺皮质激素。

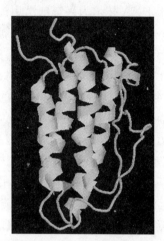

图 7　EPO 的三维结构

与传统兴奋剂相比,基因兴奋剂持续有效期长,可仅在局部发挥作用。比如 EPO 能通过促使红细胞增生,提高机体的血红蛋白含量,改善机体的携氧能力,所以运动员使用 EPO,可以轻易提高自身的携氧能力,达到不正当竞争的目的。同时,激素类兴奋剂的隐蔽性强,检测难度大。再以 EPO 为例,现在生物工程合成的重组 EPO 在其氨基酸序列结构上与人体自身分泌的 EPO 完全相同,只是在等电点上略有差异。这种激素在人体内浓度很低,在尿液和血液中约为100 pg/mL(每毫升 0.0000000001 克),现在的检测技术很难达到这样高的灵敏度[6]。加之 EPO 在生物体内的半衰期很短,一般 4

个小时就可完成代谢;还由于生物个体差异大,很难为所有运动员确定一个标准 EPO 浓度来界定是否使用了 EPO。要有效检测 EPO,首先要对生物样品进行处理,然后要区分自身分泌的 EPO 和外源的 EPO,最后是对含量很低的 EPO 进行高灵敏度检测。这就要求我们分析化学工作者开发新的灵敏度更高、分析功能更强、分析速度更快的检测技术。

为了应对基因兴奋剂对奥林匹克的挑战,1997 年,国际奥委会和欧盟合作出资300 万美元,启动 hGH 检测方法的研究计划GH2000;1999 年,国际奥委会和悉尼组委会合作出资 200 万美元启动 EPO 检测方法的研究计划;北京获得第 29 届奥运会主办权之后,我们国家也在兴奋剂检测方法研究方面投入了一定的人力和财力,取得了较好的成果[7]。到目前为止,EPO 和 hGH 已经有了较为成熟的检测方法。前者采用等电聚焦分离和荧光标记检测的分析方法(图8)[8],后者则用酶联免疫技术来检测。第 29届奥运会的兴奋剂检测就是在我国的兴奋剂检测中心(图 9)完成的,16 天的比赛过程中一共检测了 4500 多个样品。尽管如此,我们必须看到,生物工程技术还在发展,新的基因药物还会出现,由于竞技体育中奖牌所带来的巨大利益的驱动,兴奋剂的使用永远不会停止,而且手段会越来越高明。为了捍卫奥林匹克精神,维护公平竞争的原则,保障运动员的身心健康,净化体育道德,我们必须继续研究新的兴奋剂检测技术和方法。

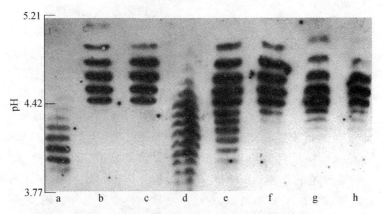

图 8   EPO 的等电聚焦-荧光标记检测结果[8]

a—从人尿中提取的 EPO；b 和 c—不同公司的重组 EPO 产品；d—对照实验的尿样；e 和 f—采用 EPO 治疗的临床病人的尿样；g 和 h—1998 年环法自行车赛两位运动员的尿样

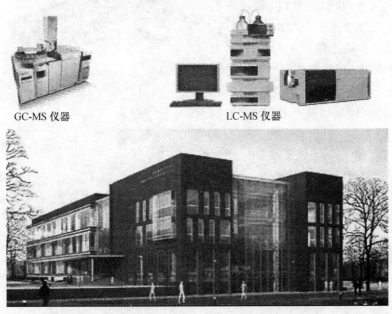

GC-MS 仪器   LC-MS 仪器

图 9   位于北京奥林匹克中心的中国兴奋剂检测中心

四、曼哈顿计划与分析化学

　　人们不会忘记,1945年美军在日本广岛和长崎投下的两颗原子弹加速了第二次世界大战的结束。60多年过去了,当时的战胜者和战败者还是难忘那段"惨痛"的经历。战后的冷战时期,核武器在世界政治经济格局中仍然扮演了举足轻重的作用。20世纪60年代中国自行研制成功原子弹和氢弹,对于中华民族的国际地位意义深远。即使今天,伊朗核问题和朝鲜核问题仍然困扰着这个不平静的地球。当然,我们这里不可能去讨论核武器和地球人类的关系,但是,当翻开那段尘封的历史,我们会发现:除了那些著名的物理学家如爱因斯坦和奥本海默等,除了那些默默工作的工程技术人员,除了那些舍生忘死的英雄们,对核武器的研制作过关键贡献的还有很多化学家,特别是分析化学家!下面我们就根据"曼哈顿计划"的有关解密资料[9],谈谈分析化学家在其中扮演的角色。

图10　原子弹爆炸照片

　　核武器的关键材料是放射性元素铀-235(^{235}U),它是从矿物中提炼出来的。如何测定放射性元素的纯度、组成和性能,如何纯化核燃料,表征核燃料及其产物的性质,监测纯化核燃料工艺中物料的组成变化,等等,都需要分析化学家的参与。在曼哈顿计划实施之前,就已经有测试放射性的仪器,以及质量分析、容量分析、比色分析和光谱分析方法,但是,这些方法的灵敏度还不满足核原料分离与分析的要求。因此,分析化学家常常必须开发新的方法和仪器,以完成放射物质的痕量和超痕量分析。我们这里主要介绍三种分析化学技术。

图11　电弧-火花发射光谱仪

　　首先是原子发射光谱技术。核燃料中的痕量杂质,特别是相对原子质量比铀小的元素如硼、钙和锂,会减缓甚至阻止^{235}U的核反应,所以,必须保证^{235}U的纯度。当时美国国家标准局(NBS)的科学家开发了测定^{235}U中60多种痕量杂质元素的方法,所用仪器就是原子发射光谱仪,如图11所示。1943—1945年期间,NBS用这种仪器进行了12万个样品的测试。

　　其次是质谱仪。质谱仪可以精确测量离子(分子的带电状态)的质量以及杂质的相对含量。正是由于曼哈顿计划,美国NBS

拥有了它的第一台质谱仪（图12）。这种仪器在核武器研制的各个阶段都发挥了关键的作用。在初期，质谱用来测定天然铀中 ^{235}U 的含量，以表征矿石的质量。后来，质谱（采用的是便携式质谱仪）用于监测大规模气体扩散工厂中富集的 UF_6（六氟化铀，是提炼 ^{235}U 过程中的中间产物）的产量。

图12　扇形磁质谱仪

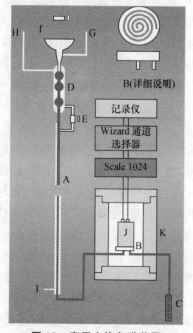

图13　离子交换色谱装置

第三是离子交换色谱。色谱是分离和测定复杂混合物的有效方法，离子交换色谱主要用来分离离子型物质。在核燃料提纯过程中，离子色谱一方面为提纯工艺提供基础数据，另一方面用于测定核燃料的纯度。图13为离子交换色谱装置示意图。

此外，在核废料处理过程中，还采用分析化学方法监测放射性物质的泄漏。现在，放射性分析方法不仅在核武器研制生产中发挥着至关重要的作用，在核电站以及癌症治疗等和平利用核能的事业中也起着重要的作用。

五、食品药品安全与分析化学

民以食为天，食品安全是关系到国计民生的大问题。食品安全也是当今世界上人们所关注的焦点问题之一，每年因食用不安全的食品而引起的食源性疾病多达几亿例，造成许多人死亡。随着经济快速发展，在基本解决温饱问题之后，人们更要追求吃得好，吃得安全。更重要的是，由于经济发展的不平衡、管理法规的不健全，有些不法分子为了追求金钱利润，妄顾消费者利益，甚至丧尽天良，以劣充好，以假乱真。近年来，我们经常从媒体报道中看到有关食品质量问题，甚至食物中毒的事件发生，比如，猪肉中的瘦肉精（学名为盐酸克伦特罗）问题，辣椒酱中非法添加苏丹红，鱼饲料中非法添加孔雀石绿，牛奶和奶制品中添加三聚氰胺，等等，严重损害着食用者的身体健康。另一方面，随着我国加入WTO，与世界各国的贸易往来愈来愈多，食品安全已成为国际问题，也影响着我们的进出口贸易。比如水产品中氯霉素残留超标问题、蔬菜中农药残留超标问题均影响着我国的出口贸易，也对我国的国际形象伤害严重。近年来日本提出的所谓"肯定列表"，为食品安全提出了更严格的要求。这样，食品安全监测就成为一项非常重要的工作，它不仅是食品安全的保证，而且在一定程度上可成为国际贸易的"技术壁垒"。我国近年来出口食品屡遭国外限制，就与此直接有关。

如何进行食品安全监测呢？我们可以查看一下食品安全国家标准，其中绝大部分监测方法都是分析化学方法[10]。国家还设置了各种监管和检测机构，比如，在出入境食品的检验检疫方面，国家质检总局在全国设有35个直属检验检疫局，280个隶属于直属局的分支局，163个检验检疫技术中心，300多个涉及食品检测的实验室，还有2个涉及食品检测、分析的研究所，即中国进出口商品检验技术研究所和国家质检总局动植物检疫实验所。这些实验室绝大多数拥有气相色谱、液相色谱、质谱、原子吸收光谱等先进的检测仪器，在用设备达10000余套，直接从业人员达6000多人。近年来，还专门建立了疯牛病检测实验室和23个转基因产品检测实验室等。在国内食品安全监管领域有更多的监测机构和技术人员。从事食品安全监测的人员大部分都是有分析化学背景的。

国际上普遍实施"从农场到餐桌"的食品安全管理战略。目前我国的食品安全问题主要包括：（1）植物种植和动物养殖过程中的污染，如滥用农药、催熟剂、饲料添加剂等；（2）不适当或非法添加香味剂、防腐剂、保脆剂、着色剂、护色剂等对食品的污染；（3）非食品包装材料和包装容器对食品的污染；（4）食品流通体系造成的微生物污染；（5）转基因食品的安全问题。所有这些问题的解决，除了依赖法律法规和管理制度以外，就要依赖分析检测机构和技术人员。事实上，为数众多的分析化学工作者一方面进行常规的食品安全检验工作，另一方面也在研究和发展新的食品安全监测技术和方法。比如，采用快速气相色谱技术可以在2分钟之内测定食品中的6种防腐剂（苯甲酸、山梨酸、对羟基苯甲酸甲酯、对羟基苯甲酸乙酯、对羟基苯甲酸丙酯和对羟基苯甲酸丁酯）；采用毛细管电泳方法可以快速测定食品中6种合成色素[11]；采用GC-MS可以研究食品包装材料的印刷油墨向食品中的迁移行为[12]，等等。在非法添加和农药残留的检测方面，GC-MS和LC-MS也是主要的技术，而且在未来还将发挥关键的作用。

与食品安全一样，药品安全也是关乎国计民生的大问题。从新药开发中的先导化合物筛选，到药物的分离提取；从药物代谢动力学研究，到药品质量检测，都离不开分析化学方法和技术。值得一提的是，20世纪60年代发生在美国的"反应停"事件促使FDA（食品药品管理局）制定对映体药物纯度标准，要求所有上市的外消旋药物必须研究不同手性异构体的纯度和药效，并标明杂质异构体的含量（低于0.1%）。而手性药物的分离是非常具有挑战性的。因为一对对映异构体的相对分子质量和一般物化性质几乎是完全一致的，所不同的只是旋光性，但是它们的药效可能差别很大。有时一个异构体有药效，另一异构体无效或药效低；有时一个异构体有效，另一个异构体还有副作用。目前,手性分离监测方法主要是色谱方法,如气相色谱、液相色谱、毛细管电泳等。有关手性的问题,请参阅本书王剑波教授的"从巴斯德的酒石酸到不对称催化"一文。

这里我想重点讨论一下中药的安全性问题。过去有人讲:中药是纯天然的,因而是安全的。其实不然,有些中药照样含有有毒成分。所谓"马兜铃酸事件"就是一个例子。

20世纪90年代初,200多名比利时妇女在2年的时间里先后集中发生了肾功能衰竭的严重病症。经过研究表明,她们都无一例外地服用了含有马兜铃酸成分的用于减肥的中草药。不久之后,1994—1998年间,中国台湾的20多名服用了马兜铃酸中草药的人也先后出现了肾功能衰竭的现象。类似的病例还在法国、西班牙、英国、日本等地先后出现。这种疾病严重危害了人类的生命健康,导致了广大中草药消费者的高度忧虑和关注,也引起了国际学术界的普遍重视。经过对已有病例的临床分析表明,上述肾脏损害的根本致病原因确系中草药中马兜铃酸成分的毒性所致,因此将这种慢性肾脏损害称为"中草药肾病(Chinese herbs nephropathy, CHN)",它会导致肾小管坏死、肾功能衰竭等严重后果。必须指出,CHN是外国人命名的,我们认为应该叫做"马兜铃酸肾病"。需要说明,马兜铃酸本身也是一种药效成分。

鉴于马兜铃酸的强毒副作用,很多国家卫生机构已经开始禁止或控制含有马兜铃酸的药物,特别是马兜铃属中草药的进口和销售。20世纪90年代以来,包括澳大利亚、德国、埃及、法国、英国在内的很多国家先后撤销含有马兜铃酸的中药制剂。2000年美国FDA开始实施对进口药材及其制剂是否含有马兜铃酸成分的检查。2003年11月,中国台湾的官方卫生机构在岛内全面回收市场上含有马兜铃酸的药品。马兜铃酸肾病在国内也多次出现,北京中日友好医院肾内科自1998年以来收治了100多例此类患者。2003年2月份的龙胆泻肝丸"马兜铃酸事件"也与此有关。后来,北京同仁堂用木通替代关木通制备龙胆泻肝丸,通过置换药物成分、重新申请批号的方式结束了这一事件。

那么,中药的安全如何检测呢?同样离不开分析化学的方法。目前国际通用的监测马兜铃酸的方法就是LC-MS[13,14]。含有马兜铃酸的中草药主要是广防己、关木通、马兜铃、青木香,以及细辛等植物(图14)。将这些植物用有机溶剂甲醇提取后,就可以用LC-MS分析。图15就是分析结果,采用LC-MS可以检测每克中药中0.00000001克的马兜铃酸。这样,就可以起到指导制药工艺、控制药品质量和保证用药安全的作用。此外,我们还开发了快速测定中药药材和制剂中马兜铃酸的LC方法[15]和毛细管电泳方法[16~18],并为一些企业出口中药材提供了马兜铃酸的检测服务。

总之,食品和药品离不开化学,而分析化学在药物开发、疾病诊断、食品和药品质量控制方面的作用是不可替代的。

马兜铃　　　　　广防己　　　　　青木香　　　　　关木通

图 14　几种含有马兜铃酸的植物

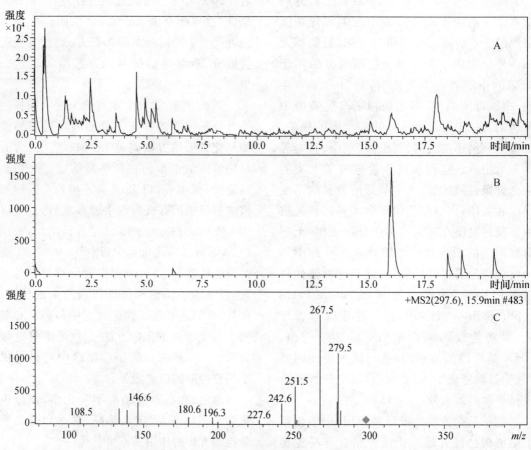

图 15　（A）细辛全草（批号：0509-07007）的 LC-MS 总离子流色谱图；
（B）$m/z = 267.6$ 的提取离子色谱图；（C）$m/z = 297.6$ 离子的二级质谱图

六、环境保护与分析化学

人类在利用自然和改造自然的过程中，一方面提高了社会的文明程度和人们的生活水平，另一方面也产生了大量的排放物。有些有毒有害排放物在环境中的积聚严重危害人类的健康，破坏了自然生态自我调节和修复的能力，导致了自然生态的急剧变化，这就是环境污染。因此，保护环境越来越为人们所关注，而保护环境就必须监测环境污染，这就与分析化学密切相关了。

自然环境中的污染物质存在于大气、水、土壤和生物体中，这些污染物既有有机物，如多环芳烃、多氯联苯、二噁英、残留农药等，也有无机物，如重金属汞、砷、锡等，但大部分为有机物。环境污染监测的方法也大部分为分析化学的方法，比如，从大气中硫化物、氮氧化物、卤代烃、酸雨等污染物的监测，到居室环境和工作场所空气质量的监测；从江河湖泊中重金属和有机污染物的监测，到海洋中重金属、有机物和放射性污染的监测，就分别用到容量分析、电化学分析、色谱分析、光谱分析、质谱分析以及各种化学和生物传感技术[19]。比如，20世纪比利时发生的二噁英事件，就是Ghent大学的分析化学家P. Sandra教授的研究团队通过GC-MS等技术的分析研究，证明了二噁英主要来自垃圾（包括动物尸体）焚烧，并搞清楚了二噁英和多氯联苯的关系。后来有人认为，是分析化学家拯救了比利时[20]，可见分析化学对环境保护的重要意义。

拯救了比利时的分析化学家——P. Sandra 教授

七、分析化学简介

通过上面的讨论，我们很容易理解作为化学重要分支的分析化学就是发展和应用各种方法、仪器和策略，获取有关物质的组成信息和性质数据的一门科学[21]。通俗地讲，分析化学是科学技术的眼睛。没有分析化学，我们无法完成人类基因组计划；没有分析化学，我们也不能实现蛋白组学的目标；没有分析化学，奥林匹克运动就不会"干净"；没有分析化学，就无法知道核燃料的纯度；没有分析化学，就难以保证食品和药品的安全；没有分析化学，也就不能监测环境污染情况。正如我国化学先驱徐寿先生在其巨著《化学鉴原》中所写："考质求数之学，乃格物之大端，而为化学之极致也。"

我国化学先驱者
徐寿(1818—1884)

分析化学是19世纪中期形成的独立学科[22],根据其所用工具还可以分为化学分析和仪器分析。前者主要基于传统的玻璃仪器和天平,有滴定分析、重量分析等;后者则是采用先进仪器的方法,有光谱分析、电化学分析、色谱分析、质谱分析、生化分析、核磁共振分析、化学计量学等。需要指出,大部分分析仪器都是基于物理原理来工作的。根据分析的目的也可将分析化学分为定性分析和定量分析,前者回答被分析样品中"有什么"的问题,后者则是回答"有多少"的问题。现代分析技术常常可以同时实现定性和定量分析,如前面多次提到的色谱-质谱联用技术。

经过一个半世纪的发展,分析化学取得了很大的成绩,对科学发展和人类进步作出了不可磨灭的贡献。有人统计过,过去50年来诺贝尔化学奖得主中,有超过一半的获奖成果与分析化学密切相关,更有超过12位的获奖科学家的成果是以分析化学为主的。目前,分析化学进入了一个崭新的发展

时期[23]。生命科学、材料科学、环境科学以及纳米科学的发展对分析化学提出了前所未有的挑战。针对生物样品、环境样品和临床样品等复杂体系,分析化学需要研究更为有效的样品处理方法和分离、分析、检测方法。比如,组学分析、纳米分析、环境分析、重大疾病早期诊断、成像分析、国土安全分析、海洋分析、太空分析,等等领域,一些新的分析方法和技术正在出现,其特点是:

(1)更高的灵敏度。检测限可以达到ppt(10^{-12})量级以下,甚至可以检测单细胞中的化学物质,一些单分子检测技术也在研究发展中。这将为疾病早期诊断、反恐检测提供有效的方法。

(2)更强的分离度。可以同时分离复杂样品中的上万种化合物。可以实现血样中数千种蛋白质同时分离分析,也可以检测烟雾(如香烟烟气)中的各种化合物。这将为人类进一步认识自我、认识环境提供强有力的工具。

(3)更快的分析速度。即单位时间内分析大量的样品,称为高通量分析。这主要是快速分析方法,如各种化学传感器和生物传感器分析,在临床诊断和突发事件分析中大有可为。

(4)原位、在线。比如,检测活体动物大脑中的化学物质变化情况(这对研究学习和认知规律意义重大),遥测江河湖泊的污染情况,检测植物激素在植物生长过程中的作用,等等。

(5)更多的学科交叉。

总之,我们生活在一个科学技术飞速发展的时代。Karger教授曾经预测[23],未来

50 年内人类将攻克癌症治疗的难题,根治心脑血管病的药物也将问世,人类的平均寿命将延长至 150 岁! 为了实现这些伟大的目标,包括分析化学在内的化学研究将继续扮演关键的角色。

当然,我们必须记住,实现上述目标不仅仅是分析化学的责任,甚至不仅仅是化学的责任。换言之,单学科作战是达不到上述目标的! 今天的科学发展不同于 50 年前。今天我们用的各种先进仪器,如质谱仪、激光荧光检测仪、原子力显微镜、DNA 芯片分析仪等,在 50 年前都是不可想象的,而这些先进的分析技术都是多学科交叉的产物。因此,我们分析化学家也只是整个科学团队中的一部分,我们除了与分析化学同行团结协作,还必须和其他化学领域,乃至生命科学、环境科学、材料科学等领域的科学家合作,交叉研究,共同发展。这样,我们才可能早日实现美好的理想。

参 考 文 献

[1] Smith W D. The Forensic Community's response to september 11 [C]. Anal Chem, 2002, 74(7): 190 A—195 A.

[2] Zubritsky E. How analytical chemists saved the Human Genome Project[C]. Anal Chem, 2002, 74(1): 23 A—26 A.

[3] Yu J, Hu S N, Wang J, et al. A draft sequence of the rice genome (Oryza sativa L. ssp indica)[C]. Science, 2002, 296(5565): 79—92.

[4] Goff S A, Ricke D, Lan T H, et al. A draft sequence of the rice genome (Oryza sativa L. ssp japonica)[C]. Science, 2002, 296 (5565): 92—100.

[5] Prendergast H M, Bannen T, Erickson T B, Honore K R. The toxic torch of the modern Olympic Games[C]. Veterinary and Human Toxicology, 2003, 45 (2): 97—102.

[6] Yu B, Cong H L, Liu H W, et al. TrAC - Trends in Anal Chem, 2005, 24, 350—357.

[7] 张玉奎, 刘虎威 编辑. 兴奋剂检测专栏[C]. 色谱, 2008, 26(4): 402—472.

[8] Lasne F, Ceaurriz J. Recombinant erythropoietin in urine[C]. Nature, 2000, 405: 635.

[9] Settle F A. Feature—analytical chemistry and the Manhattan Project [C]. Anal Chem, 2002, 74(1): 36 A—43 A.

[10] 朱坚, 邓晓军. 食品安全监测技术[M]. 北京: 化学工业出版社, 2007.

[11] Liu H W, Zhu T, Zhang Y N, et al. Determination of synthetic colourant food additives by capillary zone electrophoresis[C]. J Chromatogr A, 1995, 718 (2): 448—453.

[12] 孟哲, 廖询, 孙丹丹, 等. 食品包装材料上油墨中残留烷基苯成分及其迁移性的 GC-MS 研究[C]. 高等学校化学学报, 2007, 28(6): 1039—1042.

[13] Li W, Chen Z, Liao Y P, Liu H W. Separation methods for toxic components in traditional Chinese medicines [C]. Anal Sci, 2005, 21 (9): 1019—1029.

[14] Flurer R A, Jones M B, Vela N, et al. Determination of aristolochic acid in traditional Chinese medicines and dietary supplements. USFDA, No. 4212, Diet Supplments, Page 1—13.

[15] Li W, Li R K, Bo T, et al. Determination of aristolochic acid I and II in some medicinal

plants by high-performance liquid chroma-tography[C]. Chromatographia, 2004, 59: 233—236.

[16] Li W, Gong S X, Wen D W, et al. Rapid determination of aristolochic acid I and II in some medicinal plants by capillary zone elec-trophoresis[C]. J Chromatogr A, 2004, 1049(1-2): 211—217.

[17] Li W, Chen Z, Liao Y P, Liu H W. Study on separation of aristolochic acid I and II by micellar electrokinetic capillary chromatogra-phy and competition mechanism between SDS and β-cyclodextrin[C]. Electrophoresis, 2006, 27: 837—841.

[18] Shi SH, Li W, Liao Y P, Liu H W. Online concentration of aristolochic acid I and II in Chinese medicine preparation by micellar electrokinetic chromatography[C]. J Chrom-atogr A, 2007, 1167: 120—124.

[19] 吴鹏鸣,主编. 环境监测原理与应用[M]. 北京:化学工业出版社,1991.

[20] http://www. chem. agilent. com/cag/fea-ture/12-99/feature. html.

[21] 李克安,主编. 分析化学教程[M]. 北京:北京大学出版社,2005.

[22] 李克安,金钦汉,等译. 分析化学[M]. 北京:北京大学出版社,2001.

[23] Karger B L. Whither analytical chemistry? Anal Chem, 2000, 72(3): 85A—86A.

生物分子机器的化学本质

来鲁华

一、有关生命本质的争议[1~4]

大家可能都会想过这样的问题：到底什么是生命？生命体与非生命体有什么本质的差别？其实这些问题在人类科学史上已经有过长期的争论。早期的争论可以分为"生机论"和"机械论"两种观点。主张生机论的人认为，生命之所以成为生命，是因为有一种令人可畏的全生命力的存在。比夏(Bichat,1771—1802)将生命定义为"抵抗死亡的机能的总和"；居维叶(Cuvier,1769—1832)、李比(Liebig,1801—1873)等人将生命理解为与物理和化学力的对抗。物理和化学力作用的结果是破坏性的，而生命的作用在于形成和维护有机体的结构与功能。19世纪中叶，也有人尝试依据生命的特征来描述生命，例如贝尔纳(Bernard,1813—1878)在他的《论动植物共有的生命现象》中论述了生命的5种特征：组织、繁殖、营养、生长以及对疾病和死亡的敏感性。

而主张机械论的人则认为，生命现象可以用物理和化学定律来解释，生命问题说到底是物理和化学问题。19世纪中期，路德维希(Ludwig,1816—1895)、赫姆霍兹(Helmholtz,1821—1894)等人都阐述过这种观点。

薛定谔(Schrödinger,1887—1961)1945年在题为《什么是生命》(What is life)的小册子中说："目前的物理和化学虽然还缺乏说明(在生物体中发生的各种事件)的能力，然而丝毫没有理由怀疑它们是不可能用物理学和化学去说明的。"薛定谔还认为，通过生物学研究有可能发现"新的物理学定律"。持这种观点的多为物理学家和化学家。

1828年，德国化学家维勒(Wöhler,1800—1882)以无机物氰酸铵合成得到了人体排泄物之一尿素，第一次证明在实验室中可以创造出生物体的相关物质。由于"生机论"认为有机体(植物及动物)内的组分是由奇妙的"生命力"所缔造的，无法人工合成，因此尿素的合成给"生机论"以沉重的打击。时至今日，这样的例子已经有很多。例如，我国科学家在20世纪50年代末、60年代初人工全合成了结晶牛胰岛素，并且证明合成的胰岛素具有与天然胰岛素相同的生物功能[2]。现在不仅蛋白质、核酸分子可以在实验室里进行人工全合成，人工生命的合成也在进行中。合成生物学的兴起更是加快了这种创造人工生命的进程。

如果我们分析一下生命体的构成，就会发现其实奇妙的生物世界都是由化学分子构成的。以细胞为例:细胞中的水分子含量是最多的,按质量计算占 70%,按摩尔数计算占 99%,分子数高达 400 亿个;蛋白质分子按质量占 15%,有 2000~3000 种不同的分子;核酸分子按质量占 1%;另外,还有糖、磷脂和无机盐等。著名生物学家沃森(J. D. Watson,DNA 双螺旋模型创建人之一,诺贝尔奖获得者)指出:细胞遵循化学规律,生命过程所包含的现象可以用精确的科学——物理学和化学来解释[3]。

实际上从科学的发展历史上看,化学与生物学的发展从来都是密不可分的。从早期生物化学(biochemistry)的发展到现代化学生物学(chemical biology)的发展,无不显示出化学手段在研究生命现象中的重要性。从诺贝尔化学奖获得者的研究成果来看,也很容易看出这种紧密性。粗略统计一下,有 40% 的诺贝尔化学奖授予了化学与生物学的交叉研究成果。表 1 列出了近二十年来诺贝尔化学奖授予生物体系研究的例子。

表 1　近二十年诺贝尔化学奖授予化学与生物学的交叉研究成果举例

年份	实　例
2008 年	R. Tsien(钱永键),O. Shimomura(下村修)和 M. Chalfie(绿色荧光蛋白)
2006 年	R. D. Kornberg (真核生物转录机理)
2004 年	A. Ciechanove, A. Hershko 和 I. Rose (泛素介导的蛋白质降解过程)
2003 年	P. Agre(水通道);R. MacKinnon(钾离子通道)
2002 年	J. B. Fenn, K. Tanaka (生物质谱);K. Wüthrich(利用核磁共振波谱学解析生物大分子溶液结构)
1997 年	P. D. Boyer,J. E. Walker(ATP 合成酶的催化机制);J. C. Skou(发现第一个离子转移酶——Na,K-ATP 合成酶)
1993 年	K. B. Mulls(聚合酶链式反应);M. Smith(蛋白质突变方法)
1989 年	S. Altman, T. R. Cech(RNA 的催化性质)
1988 年	J. Deisenhofer, R. Huber, H. Michel(光合反应中心的结构)

2004 年的诺贝尔化学奖授予以色列科学家 Aaron Ciechanove、Avram Hershko 和美国科学家 Irwin Rose,以表彰他们在发现细胞在其生命活动中如何特异性降解胞内蛋白质方面的重要工作[4]。这三位科学家共同发现了泛素介导的蛋白质降解过程。泛素(ubiquitin)是一个由 76 个氨基酸组成的蛋白质。在这个过程中,经一系列的酶催化,泛素分子碳端的羧基以共价键结合到待降解的蛋白质中赖氨酸的 ε-氨基上。"标记"

了泛素的蛋白质在细胞内被特异性识别,运送给一个由多亚基组成的蛋白酶复合物,在这个蛋白酶复合物上,靶蛋白被切成碎片,泛素分子被完整地释放出来,参与降解下一个蛋白质分子。许多细胞活动由这个过程控制,包括细胞周期、DNA 修复和转录调控、蛋白质质量控制以及免疫应答等。人类的多种疾病包括癌症都是因为这种蛋白质降解功能的缺陷引起的。泛素介导调控的蛋白质降解途径被阐明以后,大量与其相关的生理意义很快被发现。泛素化系统涉及细胞周期的调控,控制细胞周期的因子能够正常地代谢降解,使细胞有序的进入各个周期;该功能的缺失,会导致细胞在分裂过程中发生错误,这是很多肿瘤细胞的成因。肿瘤抑制因子 p53 在健康细胞内被合理地合成和降解,它是一个转录因子,涉及细胞周期调控、DNA 修复、细胞凋亡。它的降解就是经泛素化途径调控的。在肿瘤或者病毒侵染的细胞内,病毒蛋白能够激活细胞内的某个 E3 酶,使 p53 蛋白被不正常地降解,结果导致被侵染细胞 DNA 修复等功能的丢失,使突变不断积累最终形成癌细胞。此外,泛素降解还涉及免疫应答和炎症反应。细胞内许多受环境刺激变性的蛋白质,以及在蛋白质表达过程中出错的或者转录翻译不完全的蛋白质等细胞内的"劣质"蛋白分子,也是经过泛素途径被清除掉的。总之,泛素化蛋白质降解途径在真核细胞生命活动中起着重要作用,它在特定时刻清除特定细胞定位内不需要的蛋白质分子,是一个严格调控高度复杂有序的系统,确保整个细胞内蛋白质的生产与消亡处于健康的动态平衡之中。

泛素调节的蛋白质降解在生物体中如此重要,因而对它的开创性研究也就具有特殊意义。搞清楚泛素化降解途径的机理后,这个途径中的很多重要蛋白因子有可能成为药物设计的靶标,通过修复丧失的泛素化调控降解功能,或者抑制不正常的降解,将有助于治疗多种人类疾病。

二、禽流感药物的研发

流行性感冒是流感病毒引起的对人类健康威胁巨大的传染病之一,具有传染性强、发病率高、流行面广的特点。近年来由于禽流感的暴发,特别是对于人类的感染已经导致了一些死亡病例,引发了一定程度的恐慌。一旦禽流感病毒可以重组进化到可以在人间进行传播,那对人类的健康与生命安全将带来巨大的威胁。

面对流感病毒的威胁,科学家开展了一系列研究,试图搞清楚流感病毒感染人类以及在人体中复制的机理,并在此基础上开发出能够有效防止流感病毒危害人类的药物。抗流感药物达菲(Tamiflu)就是一个成功的例子。达菲不仅可以用于预防和治疗人流感,而且可以用于预防和治疗禽流感。这是由于达菲可以作用于各种流感病毒中所共有的神经氨酸酶,通过抑制其活性来控制流感病毒的复制。

神经氨酸酶是流感病毒表面的一种蛋白,在病毒成熟过程中起到了必要的作用。因此神经氨酸酶是流感药物设计中的一种重要靶标。流感病毒神经氨酸酶的第一个晶体结构是 1983 年由澳大利亚科学家 Colman 等人解出的[5]。流感病毒的神经氨酸酶是一个由四个独立的单体组成的四聚体,每个单体都由 β 折叠片组成(图 1 中带箭头的带子)。这些 β 折叠片的排列就像是一个有中心对称轴的螺旋桨叶片。酶的活性部位就位于单体头部表面的一个凹陷内,图 1 中以球棍图表示出来一个化学分子就是与活性部位结合的。这些构成活性位点的 18 个氨基酸在所有 A、B 型流感病毒中均高度保守,为设计能够有效治疗多种流感的药物提供了可能。

实际上在神经氨酸酶晶体结构解出之

前,早在 1969 年科学家就已经发现一种神经氨酸的类似物 DANA(图 2)可以抑制神经氨酸酶的活性,可惜活性不够高(抑制常数约为 10 μmol)。此后药物化学家合成了很多 DANA 的衍生物,都没有能够提高其抑制活性。

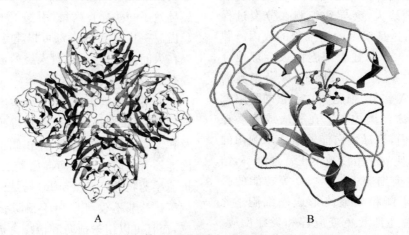

图 1 神经氨酸酶结构示意图

左边为四聚体,右边为单体结构,其中的抑制剂为 Zanamivir,用球棍图表示。

PDB 代码:1NNC

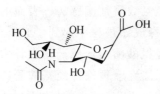

图 2 可以抑制神经氨酸酶的
神经氨酸类似物 DANA

1992 年 Colman 等又解出了该蛋白质与唾液酸类似物的复合物结构,极大地加速了神经氨酸酶抑制剂的研发过程。到 1993 年,澳大利亚科学家就已经得到了活性高达 0.1 nmol 的化合物[6]。图 3 中给出了神经氨酸酶与唾液酸类似物的主要作用。以唾液酸上的一个羟基与两个负电性的氨基酸残基(天冬氨酸 Asp151,谷氨酸 Glu119)形成氢键(图 3 中虚线)[7]。我们知道,正电性的基团与负电性的基团间会有很强的静电与氢键作用。理论计算的结果也表明,如果在该羟基的位置换成带正电的氨基或胍基,会大大提高抑制活性。因此,他们就合成了这样两种分别将该羟基的位置换成带正电的氨基或胍基的化合物,这两种化合物对于神经氨酸酶都有很高的抑制活性。其中的胍基化合物就是目前市场上的抗流感特效药之一 Zanamivir(中文名"扎那米韦",商品名"瑞乐砂 Relenza")。从解出神经氨酸酶的复合物晶体结构到开发高活性的抑制剂仅仅用了一年的时间,又用了短短五年的时间(一般药物的研发时间为 10~12 年)就已研发出了上市的药物。这一成功的例子是蛋白质结构解析与药物设计方法用于药物研发的著名实例。由于扎那米韦中含有一个糖环,容易被体内的酶水解掉,因此只能做成喷雾剂。为了开发出口服抗流感药物,科学家们又将扎那米韦中含有一个氧原子的糖环替换成环己烯或环戊烷,并进行了一些其他改造后就成为 Oseltamivir(中文名"奥司他韦",商品名"达菲 Tamiflu")和 Peramivir(中文名"帕拉米韦")(见图4)。

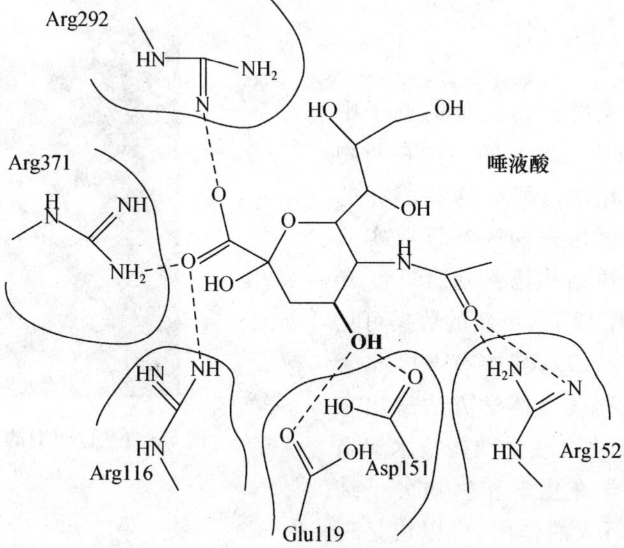

图3 神经氨酸酶与唾液酸类似物的主要作用示意图[7]

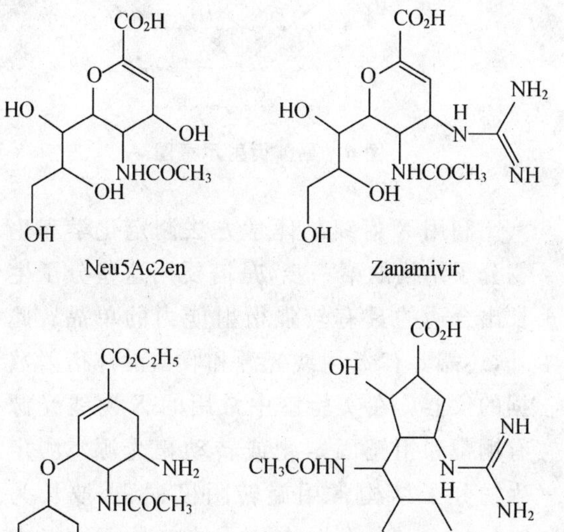

Neu5Ac2en Zanamivir

Oseltamir RWJ-270201

图4 几种神经氨酸酶抑制剂[7]

目前市场上的两种神经氨酸酶抑制剂药物分别为:罗氏公司(Roche)的 Oseltamivir 和葛兰素史克公司(GSK)的 Zanamivir。鉴于目前禽流感疫情在全球范围蔓延,著名医学杂志《柳叶刀》在 2006 年 1 月的一篇综述曾指出,Oseltamivir 和 Zanamivir 不应当用于季节性流感的预防,而应该通过公共卫生体系应用于对严重流感疫情的控制上[8]。可见,选择性神经氨酸酶抑制剂的研发已成为应对突发流感疫情的重要手段。2005 年 12 月 22 日,BioCryst 公司宣布,美国食品及药品管理局(FDA)认定该公司的 Peramivir 为快批产品,并已允许该公司进行 Peramivir 注射剂的临床试验。Peramivir 是一种流感神经氨酸酶抑制剂,临床实验前研究结果显示,它可以有效地作用于多种流感病毒(包括 H5N1 病毒)[9]。

三、X 射线晶体学及其在蛋白质 结构测定中的应用[3,10~12]

从前面有关抗流感药物设计的例子中大家可以看到,蛋白质三维空间结构在药物设计中发挥了重要作用。那么这些漂亮的蛋白质结构是如何测出来的呢?目前实验上已经测定的蛋白质结构已经有 45580 套(截止到 2008 年 3 月 12 日,更新的数据可见 http://www.rcsb.org/),其中有 39205 套结构数据是利用 X 射线晶体学方法解出来的,6173 套数据是由多维核磁共振技术解出来的。X 射线晶体学在化学和生物分子结构测定方面发挥了巨大的作用,可以说是现代生物学研究的基础。下面,让我们从 X 射线的发现谈起。

X 射线是在 1895 年由德国维尔茨堡大学物理研究所所长伦琴(W. G. Röentgen,1845—1923)偶然发现的,由于不清楚 X 射线产生的原理,所以命名为 X 射线,他也因此成为首位诺贝尔物理学奖获得者。物理学家随后进行了大量的研究。1914 年德国科学家劳厄因发现 X 射线的晶体衍射效应而获诺贝尔物理学奖。英国科学家布拉格父子在研究中发现,用 X 射线照射晶体时会在特定方向上发生衍射,衍射的方向和强度由晶体中的原子种类和位置所决定,从而建立了 X 射线衍射法测定晶体结构的理论基础和实验方法。并得出著名的布拉格方程:$2d\sin\theta = n\lambda$,这样就建立了 X 射线照在晶体所改变的方向与晶体中晶面的距离以及 X

射线波长的关系。同时他们还测出了氯化钠岩盐的晶体结构。二人于 1915 年共同获得诺贝尔物理学奖。图 5 为食盐(NaCl)的晶体堆积示意图,图 6 为晶体衍射示意图。

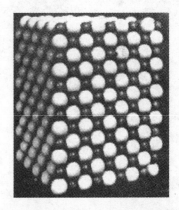

图 5 食盐(NaCl)的晶体堆积示意图

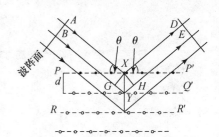

图 6 晶体衍射示意图

利用 X 射线晶体学方法测定化学和生物分子结构的第一步,是需要用这些分子生长出合适的具有较强衍射能力的单晶。此外,还需要有 X 射线光源和收集晶体衍射数据的仪器。在实验室中常用的 X 射线光源有铜靶和钼靶固定靶或转动靶光源。测定生物分子结构常用旋转阴极铜靶,波长为 0.154 nm。由于生物分子的单晶衍射能力较弱,晶体尺寸也不容易长大,所以现在收集蛋白质晶体衍射数据的很多实验是利用同步辐射装置所产生的强 X 射线来做的。目前,我国中国科学院北京高能物理研究所的加速器和合肥中国科技大学的加速器产生的 X 射线可用于生物分子晶体结构测定。在上海郊区建设的新一代同步辐射光源将为我国结构生物学的发展提供巨大的推动力。

蛋白质在生物体中起到重要作用,与核酸一起构成了生命的基本物质。核酸是遗传信息的携带者,为生命的外在形式提供了建设蓝图,而蛋白质则承担着各种各样复杂的生理功能,从整体上维持着生物机体新陈代谢活动的进行,例如促进生物体内新陈代谢的催化物酶、预防疾病的抗体、在体内起各种调节作用的激素、担负体内呼吸或运输的载体、接受并转换外界信号的受体,以及构成躯体的结构蛋白等。

从化学本质上看,蛋白质和核酸均是由 C、H、O、N、S、P(某些情况下还有金属离子)原子所形成的化学键按特定规则相连而成的大型分子。蛋白质由 20 种不同的氨基酸组合而成,核酸由戊糖、磷酸根及四种不同碱基组成。不同的化学组成、成键方式以及由此而产生的分子内非键相互作用使得蛋白质、核酸各具特性,为其各自完成所肩负的生物功能提供了基础。

蛋白质由 20 种 L-氨基酸以酰胺键共价连接而成,由于酰胺键具有部分双键性质,使得绕其旋转的二面角只能为反式或顺式两种。当 20 种 L-氨基酸以首尾方式通过酰胺键连接以后,每个氨基酸所提供给蛋白质主链的部分是相同的,—NH—C$_\alpha$—CO—,其差别只在于 α-碳原子所连接的不同化学基团(侧链)。主链中只有三种不同的二面角 φ、ψ、ω,由于肽键的部分双键性质,ω 角具有确定值,因而每个氨基酸对应的可以自由旋转的主链二面角只有两个。对于一个由 n 个氨基酸构成的蛋白质来说,主链可以自由旋转的二面角有 $2n-1$ 个,蛋白质的结构测定问题所要解决的主要部分就是要确定这些二面角的取值以及侧链的取向。

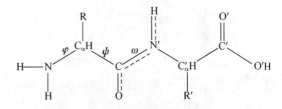

图 7　蛋白质的肽链结构

影响蛋白质结构稳定性的因素除了共价键以外,主要为非共价键的弱相互作用,如氢键、范德华力、静电相互作用等。蛋白质在水溶液中之所以能够折叠为紧密堆积的特定空间结构,主要是由熵效应驱动的,最终结果是形成内部疏水、表面亲水的结构。蛋白质的结构可以分为 6 个层次:一级结构、二级结构、超二级结构、三级结构、四级结构及分子缔合体。一级结构指的是蛋白质的序列,二级结构由蛋白质中多肽主链的规则排布构成,超二级结构为二级结构单元间的组合方式,三级结构指的是蛋白质的三维空间结构,四级结构则是指蛋白质亚基间的相互作用。

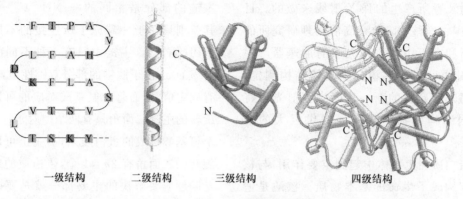

一级结构　　　　二级结构　　　　三级结构　　　　　　四级结构

图8　蛋白质的分层次结构[12]

鲍林（L. Pauling，1901—1994）根据立体化学原理最早在 1951 年就提出了蛋白质中存在着 α 螺旋结构。除了 α 螺旋以外，蛋白质中的二级结构单元还有 β 折叠、转角结构及环区结构。二级结构的特点是主链极性原子间形成规则的氢键，使得埋藏在分子内部的主链极性原子不至于影响到内部疏水核心的稳定性。α 螺旋结构是蛋白质二级结构中最典型的，也是最稳定的一种二级结构，主链形成了右手的螺旋结构，所有 NH、CO 均在螺旋内形成了氢键（两端除外），每个 NH、CO 的成氢键能力都得到了满足。从 α 螺旋的结构可以看出非共价相互作用在稳定蛋白质结构中所起到的重要作用，而且无论蛋白质的结构如何复杂与变化，本质上均是受这些作用力所控制的。

为了完成特定的生物功能，要求蛋白质具有特定的结构，蛋白质的空间结构本身又规定和制约着其功能。研究蛋白质结构与功能的关系是蛋白质科学的基本出发点。按照功能的不同，蛋白质可以分为酶、运输蛋白、营养和储存蛋白、收缩蛋白或运动蛋白、结构蛋白和防御蛋白。按照形状，蛋白质可以分为球状蛋白质和纤维状蛋白质。大多数可溶性蛋白质为球状蛋白质，纤维状蛋白质又可分为可溶性（如肌球蛋白、血纤维蛋白原）与不溶性（如胶原蛋白、弹性蛋白、角蛋白及丝蛋白等）两种。

第一个测出三维结构的蛋白质是肌红蛋白，就是人类及动物的肌肉中载氧的蛋白质。它与血液中运输氧分子的血红蛋白相比要小，是单体蛋白质，而血红蛋白则由四个类似于肌红蛋白的亚基构成。肌红蛋白的晶体结构测定是由英国剑桥大学卡文迪什实验室的佩鲁茨和肯德鲁等人完成的。该工作开始于 20 世纪 30 年代，经过近 25 年的艰苦努力，终于在 1960 年测定了肌红蛋白和血红蛋白的晶体结构。该工作第一次从实验上证实了鲍林所提出来的 α 螺旋结构。肌红蛋白的晶体结构不仅是第一次揭示了生物大分子的三维空间结构，而且还为测定生物大分子的晶体结构发展了同晶置换方法。佩鲁茨和肯德鲁两人于 1962 年获得了诺贝尔化学奖。

图 9　佩鲁茨和肯德鲁所搭建的肌红蛋白结构模型
© SCIENCE AND SOCIETY PICTURE LIBRARY / SCIENCE MUSEUM

四、弱化学作用在生物分子识别 与药物设计中的作用[3]

大家都知道,原子以共价键相连构成分子,而共价键又分为单键、双键、叁键等。但是决定分子的构象(分子的三维形状)以及分子间相互识别的作用力主要是非共价键,简称非键相互作用或弱化学作用。非键相互作用主要包括:(1)范德华力,即两个不成共价键的原子间距离近时有排斥作用,距离远时有吸引作用;(2)氢键,主要是极性原子上所带的氢原子与另一极性原子上的孤对电子成氢键,氢键具有饱和性和方向性;(3)静电相互作用,主要是原子所带电荷间的作用,一般可用经典的静电作用模型来描述;(4)疏水相互作用,大家在日常生活中熟悉的水与油不混溶的现象就是疏水作用所造成的,疏水作用所带来的效果就是疏水的基团倾向于与疏水的基团靠近,亲水基团倾向于朝向水分子。生物分子识别过程、化学

分子的自组装、蛋白质折叠等都是由于这种非键相互作用所导致的。这种非键相互作用所导致的相互作用生物分子的互补性也决定了很多重要生物功能的实现,是生物分子机器精确运作的保障。

蛋白质可以被看成一种分子机器(molecular machine),可以精确地完成特定的功能,例如血红蛋白的输氧功能、酶的专一性催化作用、抗体的特异性结合功能等。对于蛋白质分子机器运作机制的了解,主要依赖于 X 射线晶体学所提供的原子水平上的结构细节。例如对于血红蛋白,人们早就测得了其"S"形吸氧曲线,并推测可能存在多个亚基与多个氧分子的协同作用,但直到解出血红蛋白的晶体结构之后才了解清楚血红蛋白四个亚基之间的协同作用是由亚基之间的相互作用(主要为盐桥)、两个 β 亚基之间所插入的小分子 DPG(2,3-二磷酸甘油酸)的作用以及脱氧态及氧合态 $Fe(II)$ 的电子自旋状态的不同等诸因素来精确调节的。

酶和其他蛋白质是转化分子的生命过程都需要的一种分子机器,分子进入机器进行加工以后变成另一种分子从机器中释出。酶是化学反应的催化剂,最初认为底物在酶的催化下经过渡态生成产物。鲍林在 1948 年对于酶的作用进行了精辟的论述:"我认为,酶分子与其所催化反应的(具有介于反应物和产物之间构型的)活化中间体在结构上具有互补性。酶分子与活化中间体之间的吸引力降低了其能量,从而降低了反应的活化能,提高了反应速率。"

实际上,这种几何上的互补性不仅仅存在于酶与底物之间,而是在生物体系中广泛存在,例如抗原与抗体的相互作用、受体与

配体的作用以及 DNA 的复制过程等。几何上的互补性是通过各种弱相互作用来实现的。鲍林所提出的结构互补性在催化抗体的发展中进一步得到了发扬光大。对于一般的抗体来说,结构互补性体现在抗体与抗原基态的结合上,而酶则是与底物到产物之间的过渡态结合。如果能够设计一个与反应过渡态类似的稳定化合物作为半抗原,所诱导出的抗体应该可以与反应过渡态结合,按照鲍林的理论这种抗体就应该能够起到酶的催化作用。有关催化抗体的工作证实了这一点。催化抗体的产生与发展可以称得上是化学与生物学完美结合的典范之一。

丝氨酸蛋白酶及 DNA 聚合酶的作用机制是蛋白质作为分子机器的精确性及其与加工物之间的几何互补性的极好实例[13]。

丝氨酸蛋白酶的共性是具有一个可以与底物或抑制剂专一性结合的疏水性口袋,疏水性口袋与底物的侧链结合后使得要被切断的肽键恰好放在附近活性部位的“刀口”上。疏水性口袋通过几何互补性与底物结合,而活性部位则起到了剪刀的作用,构成了一幅很生动的分子机器图像,而不同丝氨酸蛋白酶的专一性则体现了分子机器的精确性。例如对于胰蛋白酶,由于其口袋底部有一个负电性的天冬氨酸残基,因而其专一性是针对带正电荷侧链(赖氨酸、精氨酸)底物的;弹性蛋白酶的口袋很浅,使得其只能切断小脂肪侧链右侧的肽键。

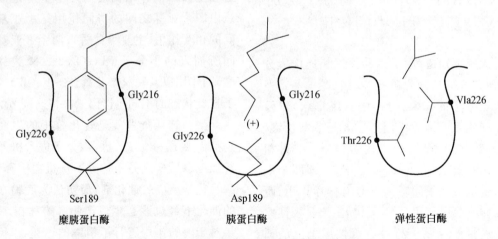

图 10　三种丝氨酸蛋白酶识别不同底物的示意图

在生命活动中,细胞间化学信息的联系也是通过受体与配体的几何互补来实现的。细胞外的化学物质通过与细胞表面的受体结合而被识别,从而使靶细胞内的生化反应得到启动或抑制,最后产生特定的生理功能。受体是蛋白质,而配体则往往是激素类和神经递质类物质。另外,有许多药物也是作为配体而起作用的。受体与配体的结合一般具有识别专一性(由几何匹配所决定)及反应可逆性(受体与配体间通过非共价键结合)等特点。药物与受体结合所具有的几何互补性为基于受体的三维结构基础上进行合理药物设计提供了理论基础。

五、基于结构的药物设计方法

从前面讲到的抗流感药物的研发故事我们已经知道,找到控制流感病毒感染或复制的关键靶标蛋白质,测定这些靶标蛋白质的三维结构对于有针对性的药物研发起到了重要作用。"达菲"这类抗禽流感特效药物之所以能够在较短的时间内研发出来,依赖于流感病毒神经氨酸酶与唾液酸的复合物晶体结构,而唾液酸分子则是在 1969 年就已经发现的能够抑制神经氨酸酶的化合物。实际上,目前我们所使用的药物有很多都是从天然产物中发现又经过化学家改造而来的。那么,如果只是知道这些靶标蛋白质的三维结构,我们是否能够根据药物与靶标的作用原理来设计出能够特异性作用的药物来呢?

实际上药物设计已经有了很多年的发展历史[14]。其主要的出发点在于 1894 年 Fischer 提出的生物大分子(如酶)与配体(如底物)作用的锁钥原理(lock and key principle)。目前几乎所有的计算机辅助药物设计方法都是基于锁钥原理的。在药物设计中,锁对应着药物作用的靶标,多为蛋白质,如图 11 飘带显示的蛋白质分子,而药物则像一把钥匙与蛋白质能够发生特异性的作用,如图 11 中间的一个化合物。

基于结构的药物设计已经有了很多成功的实例。例如近年来用于有效治疗慢性骨髓性白血病的 Gleevec(格列卫)就是一个著名的例子。在新活性化合物发现方面,基于结构的药物设计方法也取得了很大的成

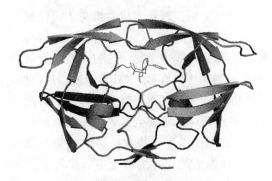

图 11　药物与靶蛋白的结合模型
图中带状物为 HIV-1 蛋白水解酶的结构,
中间的分子为一个抑制剂

功,其中到目前为止最为成功的方法是基于数据库的化合物分子对接方法,或者称之为"虚拟筛选"。形象地说,就是将现在已有的一些化合物(某个特定数据库中收集的化合物)一个个放到靶蛋白质的结合口袋中,看看哪些分子放进去比较合适。这种在计算机上的计算过程替代了大规模的实验,所以也被称为"虚拟筛选"[14,15]。

另一种新活性化合物的发现策略则是根据受体的结合部位从头生长出可以与之结合的分子,称之为全新或从头药物设计方法。这种根据蛋白质的三维结构进行全新药物设计的想法,近年来在算法程序设计和实际应用中都取得了很大的进展[16]。

六、抗 SARS 病毒药物设计[17]

大家可能对 2003 年春天所爆发的严重传染病 SARS 还记忆犹新。当时,这种不明原因新型传染病的蔓延带来的极大恐慌,给整个社会带来了很大损失。但它作为一种新发的烈性传染病,也为相关科学研究提供

了一个极好的课题和实战的机遇。我们现在已经知道,SARS是由一种冠状病毒引起的,这种病毒原本栖息在动物身上,由人们捕食野生动物而传染给人。SARS爆发以后,世界各国的实验室都迅速开展了各方面的研究工作。在病原体病毒的全基因组序列被解析之后,研究工作逐步转移到病毒的侵染复制机制,期望搞清楚病毒生活史中各个环节的分子机制,在此基础上可以有目的地进行合理的药物设计,抑制病毒的复制繁殖。

SARS病毒在被感染细胞的胞质内复制产生多聚蛋白,这些多聚蛋白主要被类3C蛋白酶(SARS 3CL^pro,或称之为主蛋白酶)切割成一些有功能的蛋白。因此,SARS 3CL^pro被认为是SARS病毒复制周期中的关键酶,是进行抗SARS及其他由冠状病毒引起疾病药物设计的重要靶标。SARS爆发后,全球的多个研究小组迅速展开了针对SARS 3CL^pro的结构研究的"竞赛"。在SARS爆发前的2002年,德国科学家Hilgenfeld教授实验室报道了第一个冠状病毒3CL^pro X射线晶体结构,该蛋白来源于传染性胃肠炎病毒(transmissible gastroenteritis virus,TGEV)。在SARS冠状病毒基因组测序结果出来后的几天之内,Hilgenfeld教授领导的小组根据人类冠状病毒(human coronavirus 229E,HCoV-229E)和传染性胃肠炎病毒3CL^pro的晶体结构,利用同源模建的方法搭建了SARS 3CLpro的三维结构模型。我国中科院药物所蒋华良教授课题组和北京大学化学学院来鲁华教授课题组也分别搭建了该蛋白质的三维结构模型。不久,我国清华大学的饶子和教授实验室最先解出并发表了SARS 3CL^pro的X射线晶体结

构。(参见文献[15]及其中的引文。)

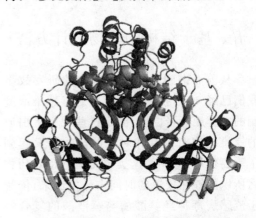

图12　SARS 3CL蛋白酶二聚体示意图

北京大学化学学院的来鲁华教授课题组与生命科学院陈建国教授课题组合作克隆表达纯化了SARS 3CL^pro。来鲁华教授课题组研究了SARS 3CL^pro在溶液中的聚集状态与酶催化活性的关系,发现该蛋白质在溶液中存在单体与二聚体的平衡,只有二聚体具有生物活性。进一步的机理研究表明,二聚体中只有一个单体有活性。他们还模建了SARS 3CL^pro的三维结构模型,研究了结合部位的多种可能构象,利用虚拟筛选方法对于各种现有化学分子的数据库进行了筛选,选取了几十个化合物进行活性测定,得到了多个有活性的化合物。(参见文献[17]及其中的引文。)

七、小　　结

从以上介绍的内容我们知道,奇妙的生物世界是由化学分子构成的,构成生命体的细胞遵循着物理和化学的规律。生物大分子的功能与其三维空间结构紧密相关,这些

分子的空间结构大多是由 X 射线晶体学方法解析得到的。蛋白质的空间结构为基于结构的药物设计奠定了基础。药物与受体的结合类似于锁和钥匙的对应情况，它们之间的相互识别是靠弱化学作用来实现的。人们可以有目的地控制和利用生物分子机器来进行疾病治疗或生产所需的物质。

参 考 文 献

[1] 林德宏.科学思想史[M].南京：江苏科学技术出版社,2004.

[2] 熊卫民,王克迪.合成一个蛋白质——结晶牛胰岛素的人工全合成[M].济南：山东教育出版社,2005.

[3] 唐有祺.生命的化学[M].长沙：湖南科学技术出版社,1998.

[4] 项征,魏平,杨震.泛素调节的蛋白降解——2004 年诺贝尔化学奖简介[C].大学化学,2005,20：8—10.

[5] Colman P M, Varghese J N, Laver W G. Structure of the catalytic and antigenic sites in influenza virus neuraminidase [C]. Nature 1983, 303：41—44.

[6] von Itzstein M, Wu W-Y, Kok G B, et al. Rational design of potent-sialidase-based inhibitors of influenza virus replication[C]. Nature, 1993, 363：418—423.

[7] Lew W, Chen X, Kim C U. Discovery and Development of GS 4104 (oseltamivir)：an orally active influencza neuraminidase inhibitor [C]. Curr Med Chem, 2000, 7：663—672.

[8] Jefferson T, Demicheli V, Rivetti D, et al. Antivirals for influenza in healthy adults：systematic review[C]. Lancet, 2006, 367：303—313.

[9] http：//www. biocryst. com/pdf/peramivir-facts. pdf

[10] Jan Drenth. Principles of Protein X-ray Crystallography[M]. New York：Springer-Verlag, 1994.

[11] 夏宗芗.生命的化学基础——生物分子结构,诺贝尔奖百年鉴[M].上海：上海科技教育出版社,2001.

[12] 来鲁华,等.蛋白质的结构预测与分子设计[M].北京：北京大学出版社,1993.

[13] Carl Branden, Jogn Tooze. Introduction to Protein Strucutre[M]. New York and London：Garland Publishing, Inc, 1991.

[14] 陈凯先,蒋华良,嵇汝运.计算机辅助药物设计——原理、方法及应用[M].上海：上海科学技术出版社,2000.

[15] Kitchen D B, Decornez H, Furr J R et al. Nature Rev Drug Dis, 2004, 3：935.

[16] Schneider G, Fechner U. Nature Rev Drug Dis, 2005, 4：649.

[17] Lai L H, Han X F, Chen H, et al. Quaternary structure, substrate selectivity and inhibitor design for SARS 3C-like proteinase [C]. Current Pharmaceutical Design, 2006, 12 (35)：4555—4564, and references therein.

[18] Enserink M. Infectious diseases：Calling all coronavirologists[C]. Science, 2003, 300：413—414.

[19] Lio P, Goldman N. Phylogenomics and bioinformatics of SARS-CoV [C]. Trends Microbiol, 2004, 12：106—111.

[20] Stadler K, Masignani V, Eickmann M, et al. SARS-beginning to understand a new virus[C]. Nat Rev Microbiol, 2003, 1：209—218.

[21] Bartlam M, Yang H, and Rao Z. Structural insights into SARS coronavirus proteins[C]. Curr Opin Struct Biol, 2005b, 15：664—672, and references therein.

从硅芯片到碳芯片

刘忠范

一、硅器时代走到尽头了吗

人类社会的进步常常是以新材料的出现为标志的。有史以来，人类已经经历了石器时代、铜器时代和铁器时代。我们目前正处在一个"硅器时代"。我们的周围充斥着琳琅满目的硅产品，如计算机、电视机、家庭影院、手机、MP4、洗衣机、电冰箱、空调、打印机、传真机、因特网、GPS卫星导航仪、太阳能电池，不胜枚举。半导体硅材料的出现，改变了人们的生活方式，把人类带到了信息化社会。

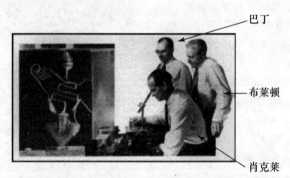

图1　人类历史上第一个晶体管和它的发明人巴丁、布莱顿和肖克莱

"硅器时代"已经走过了波澜壮阔的60多年，它是以晶体管的诞生为标志的。第一个晶体管问世于1947年12月，发明人是美国贝尔实验室的巴丁、布莱顿和肖克莱（见图1），三位科学家因之获得1956年度诺贝尔物理学奖。实际上，第一个晶体管用的是锗材料，后来由于硅材料无与伦比的优越性而很快取而代之，成为现代微电子工业的基石。1952年英国人达默提出集成电路的概念。1958年9月美国德克萨斯仪器公司基尔比博士在单块锗片上研制出相移振荡器，翌年仙童半导体公司诺伊斯博士制造出第一个硅平面三极管，两年后仙童公司进一步在一小片硅晶体上实现了由四只三极管和两个电阻器组成的双稳态触发器，把达默的设想变成了现实。基尔比和诺伊斯为集成电路的发明权打了一场官司,结果是集成电路的专利归基尔比,而诺伊斯获得了集成电路内部结构的专利。基尔比因其发明集成电路摘取了 2000 年度诺贝尔物理学奖,而诺伊斯因英年早逝与诺贝尔奖失之交臂。1971 年,英特尔公司制造出第一个微处理器单片机 Intel 4004,在邮票大小的面积上集成了 2300 个晶体管。目前 Intel 45 纳米技术制造的双核 CPU 含 4.1 亿个晶体管,四核 CPU 含 8.2 亿个晶体管,代表着集成电路的最新发展水平。

谈到集成电路的发展离不开著名的摩尔定律。1965 年,仙童半导体公司研究部主任、英特尔公司创始人之一戈登·摩尔(Gordon E. Moore)大胆预言:芯片中含有的电子元件的数目将以极快的速度增加,集成度每三年增加四倍,特征尺寸每三年缩小 $\sqrt{2}$ 倍(见图 2)。该定律最早发表在 1965 年 4 月的 *Electronics* 杂志上。摩尔的预测简直不可思议,因为当时世界上最复杂的集成电路仅仅集成了 64 个晶体管。然而,过去 40 余年的芯片发展历史证明了摩尔定律的准确性。以英特尔公司的产品为例,从含有 2300 个晶体管的 Intel 4004 出发,1981 年 80286 发展到 13 万个,1993 年奔腾芯片增长到 310 万个,2000 年奔腾四代进一步增长到 4000 万个,2005 年 65 纳米技术含有 3.76 亿个晶体管。按摩尔定律预测,2010 年集成度将达到 10 亿个。不可否认,摩尔定律主宰了信息产业发展的节奏,成为让大众领略信息时代飞速发展的最好、最通俗的解说词。

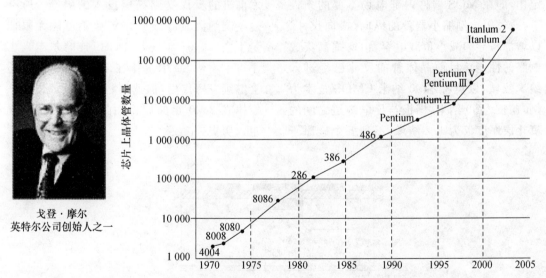

图 2 计算机芯片中包含的晶体管数量随时间的增长曲线及摩尔定律的发现者戈登·摩尔

那么,摩尔定律还能走多远呢?这是近年来困扰业界和科学家们的一个难题。为了便于理解,我们先来看一下目前在集成电路中最常用的平面金属-氧化物-半导体型(MOS)场效应晶体管(FET)的基本结构(见图 3)。MOSFET 有源极(S)、漏极(D)和栅极(G)三个电极。源极和漏极之间是硅半导体材料,称为导电沟道,其导电载流子数可以变化。栅极置于导电沟道之上,中间用一片非常薄的氧化物绝缘层与半导体材料隔开,因此称为金属-氧化物-半导体(MOS)结构。导电沟道中电子(n型半导体)的通过与否由栅极来控制,沟道中流过的电流取决于硅半导体材料的电导率,而电导率则取决于导电电子的密度和它们的迁移率。电子的密度由栅极电压直接控制,迁移率通常主要取决于材料的本征性质。通过控制栅极电压来控制导电沟道的开启和关闭,就构成一个简单的开关,集成电路就是由大量的晶体管开关构成的。随着集成度的不断提高,晶体管的尺寸也不断缩小。过去三十余年的集成电路技术发展历程基本遵循了1974年由邓纳德提出的等比例缩小(scaling-down)定律,即在MOS器件内部电场不变的条件下,通过等比例缩小器件的纵向、横向尺寸,以增加跨导和减小负载电容,由此提高集成电路的性能。目前晶体管的尺寸已经进入纳米领域,以英特尔90纳米CMOS技术为例,栅长为50纳米,栅极与导电沟道之间的氧化层厚度仅为1.2纳米,不到五个硅原子

层。显而易见,这种器件尺寸的小型化进程不可能无限地延续下去。这里既有根本的物理原理上的限制,也有微加工技术本身的制约,还涉及经济成本核算问题。例如,栅极与导电沟道之间的氧化层厚度的缩小已经接近极限,氧化层太薄时,量子隧穿效应导致的漏电现象非常严重,使器件无法正常工作。事实上,纳米世界中各种量子效应的出现及其所带来的一系列问题从原理上制约了摩尔定律的无限延伸。另一方面,缩小器件尺寸需要发展新的光刻技术。下一代的纳米刻蚀技术包括极紫外线(EUV)、X射线、电子束或离子束,尽管仍有一定的拓展空间,但成本也越来越高,制造商的资金投入正在以比收入回报快得多的速度增长,技术前进的步伐受到高额投入的限制。所有这些制约因素导致摩尔定律不可能无限期走下去。2007年9月18日,连摩尔本人也不得不承认,摩尔定律在未来10～15年还会继续发挥作用,但速度将会逐渐放慢。该定律在2020年前后将面临瓶颈,甚至可能走入历史。

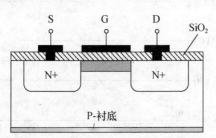

图3 MOS场效应晶体管的基本结构
图中S、G、D分别代表源极、栅极和漏极

须指出的是,摩尔定律逐渐放慢脚步,最后走向终结应该是不争的事实,但这并不意味着"硅器时代"的结束。微电子技术除

了以特征尺寸为代表的加工工艺技术之外,还有落后于工艺加工技术水平的设计技术、系统结构等方面需要进一步发展,这些技术

的发展必将使微电子产业继续高速增长。根据预测，微电子产业将于 2030 年左右步入像汽车工业、航空工业这样的比较成熟的"朝阳工业"领域。当前的研发趋势是多头并进，迎接从微电子时代到纳电子时代的跨越。一方面以硅基 CMOS 器件为基础，通过发展新材料和新工艺来延续摩尔定律的脚步，氧化铪等新型高介电常数的氧化层材料便是一个代表性的例子。另一方面，人们也在尝试探索硅材料的替代物——具有更优越特性的新型导电沟道材料，碳纳米管便是一个典型例子。此外，人们还把眼光进一步放远，发展基于全新工作原理的量子器件、纳电子器件以及分子电子器件。

二、材料新星——神奇的碳纳米管

正当硅基微电子产业挑战送出，摩尔定律的步履愈趋沉重之际，神奇的碳纳米管出现了。碳纳米管的新奇的电子学特性激发了人们广阔的想象空间，为微电子产业带来了新的曙光。理论上讲，碳纳米管是理想的导电沟道材料，用碳纳米管制作的晶体管有着硅晶体管无与伦比的优越性，未来的碳纳米管计算机将更好地体现更快、更轻、更小、更节能的追求。

碳纳米管是日本 NEC 公司的电子显微学专家饭岛澄男（Sumio Iijima）博士发现的（见图 4）。1991 年，饭岛博士在用高分辨透射电镜观察富勒烯原始样品时，偶然发现了多层套管状的多壁碳纳米管。两年后饭岛澄男和 IBM 公司的 Donald Bethune 在 *Nature* 杂志的同一期上同时报道了由单层管构成的单壁碳纳米管，从而掀起了世界范围的持续至今的碳纳米管研究热潮。饭岛博士是科学上的幸运儿，因为这一偶然发现使他一夜成名。

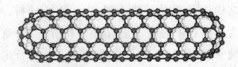

图 4　单壁碳纳米管和它的发现者电子显微学专家饭岛澄男

实际上他并不是发现碳纳米管的第一人。早在 1952 年，苏联科学家 Radushkevich 和 Lukyanovich 就在《苏联物理化学会志》上报道了直径 50 纳米的碳纳米管结构，只是没有得到应有的关注。1976 年，Oberlin、Endo 和 Koyama 等人在《晶体生长》杂志上展示了利用气相生长技术获得的纳米尺度的中空碳纤维，其中包括单层管状结构，Endo 称其为单壁碳纳米管。1979 年，Abrahamson 在第十四届碳材料大会上发表了利用电弧放电法制备的碳纳米管结构。有关碳纳米管手性的概念在苏联科学家的工作中也已经提及,海普里昂催化公司的 Howard G. Tennent 还于 1987 年申请了制备特定直径碳纳米管的美国专利等。应该说,碳纳米管的"再发现"是科学发展的必然,一方面电子显微技术的进步使得人们能够更为精确地确定碳纳米管的结构。另一方面,20 世纪 80 年代以来纳米科技的迅猛发展和 C_{60} 的发现让人们对碳纳米管的价值有了新的认识。

我们来看一下碳纳米管的基本结构特征。大家知道,碳元素通常有三种同素异构体:金刚石、石墨和无定形碳。富勒烯和碳纳米管是这个家族的两个新成员。为了理解碳纳米管的结构和性质,我们先来讨论一下碳原子的成键结构及其特性。碳原子拥有六个核外电子,其中两个电子填充在 1s 轨道上,其余四个电子可填充在 sp^3,sp^2 或 sp 杂化轨道上,形成金刚石、石墨、碳纳米管或富勒烯等成键结构。在金刚石中,每个碳原子的四个价电子占据 sp^3 杂化轨道,形成四个等价的 σ 共价键,与另外四个碳原子沿四面体的四个顶角方向相连。这种三维网络结构使得金刚石成为已知的最硬材料。因为金刚石中的电子形成了 σ 共价键,没有离域 π 键,所以金刚石是绝缘体。金刚石中的电子紧紧束缚于碳原子间的化学键上。这些电子吸收紫外光而不吸收可见光或红外光,因此纯金刚石看起来晶莹剔透。加之其高的折射率,大块金刚石单晶成为人们所喜爱的宝石。金刚石具有非常高的热导率。在石墨中,每个碳原子的三个外层电子占据

平面状 sp^2 杂化轨道,形成三个面内 σ 键,余下一条面外 π 轨道(π 键)。这种成键方式导致形成一个平面六边形网格结构。范德华力将这些六边形网格片层互为平行地结合在一起,面间距 0.34 nm。sp^2 杂化轨道中 σ 键的键长 0.14 nm,键能 420 kcal/mol。而在 sp^3 构型中,σ 键的键长 0.15 nm,键能 360 kcal/mol。因此,石墨在面内方向上比金刚石更稳固。此外,由于面外 π 轨道(π 电子)分布在石墨烯平面的上下,因此,石墨具有更高的热导率和电导率。较弱的 π 键与光相互作用使石墨呈黑色。而石墨片层间弱的范德华力使得石墨相当柔软,加之层与层之间易于相对滑移,使其成为理想的润滑材料。碳纳米管可以看做石墨片卷曲形成的空心圆柱体。碳纳米管中的成键主要是 sp^2。不过,这种圆桶状弯曲会导致量子限域和 σ-π 再杂化,其中三个 σ 键稍微偏离平面,而离域的 π 轨道则更加偏向管的外侧。这使得碳纳米管比石墨具有更高的机械强度、更为优良的导电性和导热性,以及更高的化学活性。顺便提一句,C_{60} 由 20 个六元环和 12 个五元环构成[4]。碳原子的成键也属于 sp^2,尽管由于高度弯曲使其同样带有 sp^3 的特征。

下面重点介绍一下由单层石墨片卷曲而成的单壁碳纳米管,它可以用向量 C 唯一地描述。如图 5 所示,对应于石墨烯的单位向量 a_1 和 a_2,该向量由一组整数 (n, m) 表示,

$$C = na_1 + ma_2 \qquad (1)$$

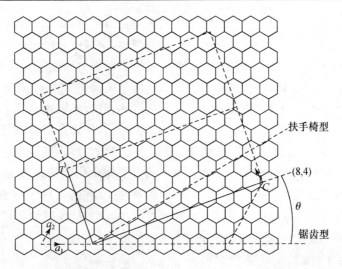

图5　将石墨烯沿手性向量 $C=na_1+ma_2$ 卷曲成 (n,m) 管的过程示意图

其中 a_1 和 a_2 表示石墨烯晶格向量。这里手性角 θ 相对于锯齿轴 $\theta=0°$ 取值

因而,将石墨片卷曲至向量 C 的两个端点重合就得到单壁碳纳米管,称之为 (n,m) 管,直径由下式给出:

$$D=|C|/\pi=a(n^2+nm+m^2)^{1/2}/\pi \tag{2}$$

这里,$a=|a_1|=|a_2|$ 是石墨的晶格常数,可近似取值 0.246 nm。通常当 $m=n$ 时,称为扶手椅型(armchair)管;当 $m=0$ 时,称为锯齿型(zigzag)管;其他则一般称为手性(chiral)管,手性角 θ 定义为向量 C 与向量 a_1(锯齿方向)的夹角,

$$\theta=\tan^{-1}[3^{1/2}m/(2n+m)] \tag{3}$$

θ 取值从 0(对应于锯齿型管,$m=0$)到 30°(对应于扶手椅型管,$m=n$)。习惯上约定 $n\geqslant m$。图 6 给出了碳纳米管模型的几个实例。

碳纳米管的手性 (n,m) 与其电子学性质密切相关。在最简单的模型中,碳纳米管的电子学性质可根据石墨片与波矢 (k_x,k_y) 的

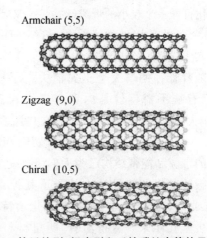

Armchair (5,5)

Zigzag (9,0)

Chiral (10,5)

图6　扶手椅型、锯齿型和手性碳纳米管的示意图

色散关系导出,

$$E(k_x,k_y)=\pm\gamma\left[1+4\cos\left(\frac{\sqrt{3}k_xa}{2}\right)\cos\left(\frac{k_ya}{2}\right)+4\cos^2\left(\frac{k_ya}{2}\right)\right]^{1/2} \tag{4}$$

其中 γ 是最近邻跳跃参数,a 是晶格常数。$\gamma=2.5\sim3.2$ eV,来源不同,其值有所不同。

当石墨片卷曲形成碳纳米管时,沿管周或 C 方向施加周期性边界条件。这个条件导致二维波矢 $k=(k_x,k_y)$ 沿该方向量子化。满足 $k \cdot C = 2\pi q$ 的 k 值是允许值,这里 q 为整数。因此可得金属性电导发生的条件:

$$n-m=3q \qquad (5)$$

这意味着三分之一的碳纳米管是金属性管,而三分之二是半导体性管。半导体性管的带隙宽度由下式给出:

$$E_g = 2dcc \cdot \gamma/D \qquad (6)$$

其中 C—C 键的平均键长 dcc = 0.142 nm。因而,一根直径为 1 nm 的半导体性管的带隙约为 0.7~0.9 eV。人们发现,对于较细的(<1.5 nm)的非扶手椅型金属管来说,σ-π 再杂化打开一个较小的带隙(约0.02 eV)。对 $n-m=3q$ 的单壁碳纳米管的 STM 研究的确证实了这样一个小带隙的存在。但是,该效应随着管径的增大会迅速消失。原理上讲,只有扶手椅型管是内禀金属性管。不过,在大多数讨论中,金属管的判断条件 $(n-m)=3q$ 以及由最简单的 π 轨道模型所预测的带隙和能带结构已为人们所接受。

碳纳米管的特异结构赋予了其神奇的电学、光学、力学、热学、磁学以及化学特性,在过去十几年来一直扮演着"明星材料"的角色。例如,半导体性单壁碳纳米管可用于构筑晶体管、存储器件、逻辑器件以及光电子器件,金属性碳纳米管可用于集成电路的互联。因此,全碳计算机有可能在不远的将来成为现实。碳纳米管还可以作为高性能场发射电子源,用这种场发射材料制作的电视机只有几毫米厚,可以贴在墙上。与传统的显示器相比,这种显示器不仅体积小、重量轻、省电,而且显示质量高,因此拥有广阔的潜在市场前景。σ 键在自然界中是最强的化学键,全部由 σ 键构成的碳纳米管被认为是沿管轴方向强度最大的终极纤维,具有最高的杨氏模量和拉伸强度。其抗拉强度比钢大一百倍,而密度是钢的六分之一。所以有人指出,如果需要在地球和月球之间架起一座天梯的话,非碳纳米管莫属。这些优良的力学性质使碳纳米管成为复合材料领域的新宠。此外,碳纳米管在超级电容器、储氢、化学和生物传感器等诸多领域都有着广阔的应用空间。

三、超级碳纳米管芯片

发明碳纳米管晶体管的第一人是荷兰科学家 C. Dekker 博士,时间是 1998 年。他所领导的课题组采用传统的光刻技术把一根半导体性单壁碳纳米管置于两个金属电极之间,充当导电沟道,利用重掺杂的硅作为背栅,首次验证了碳纳米管晶体管(CNTFET)的基本开关特性(见图 7)。同年,美国 IBM 公司沃森研究中心的 P. Avouris 课题组也成功地制备出类似的 CNTFET。此类晶体管的工作原理与 p 型 FET 相同,电流开关比约为 10^5。在不经特殊处理的情况下,CNTFET 通常都表现为 p 型特性。2001 年,P. Avouris 课题组利用真空热处理和掺杂方法获得了 n 型晶体管,进而利用两个互补的 n 型和 p 型晶体管制备出第一个碳纳米管逻辑门:电压反相器。同年,C. Dekker 课题组展示了由单壁碳纳米管晶体管构成的简单逻辑电路,包括反相器、或非门(反相逻辑或门)、静态随机存取存储器(SRAM)和环形振荡器。短短的三年时间,实现了从碳纳米管单元器件到简单逻辑电路的突破,这些成果被 *Science* 杂志评为 2001 年度重大科学突破之一。碳纳米管与金属电极之间常常存在肖特基势垒,该势垒导致碳纳米管的电流输运能力大幅降低。2003 年,斯坦福大学华人学者戴宏杰领导的课题组利用具有高功函且对碳纳米管有良好润湿性的贵金属钯作电极,有效地消除了肖特基势垒,实现了欧姆接触。这种高性能弹道输运场效应晶体管的室温电导接近弹道输运极限值 $4e^2/h$,单根管的电流承载能力达到 25 μA。2006 年,P. Avouris 课题组利用单根碳纳米管成功制出五级环形振荡器,这是迈向碳纳米管芯片的重要一步(见图 8)。这个 CMOS 环形振荡器由五个反相器(十个 FET)沿一根 18 μm 长的单壁碳纳米管并肩排列构成,振荡频率在输入电压 Vdd=0.92 V 时可达 52 MHz。

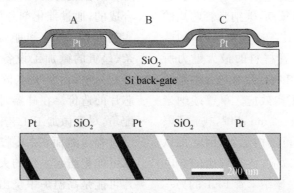

图 7　荷兰科学家 C. Dekker 制作的第一个碳纳米管晶体管

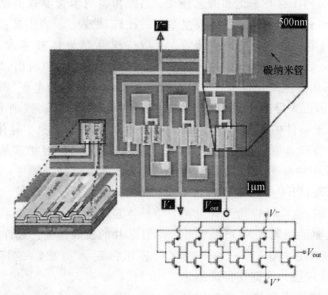

图 8　IBM 公司 P. Avouris 用一根 18 μm 长的单壁碳纳米管制作的五级环形振荡器

那么,为什么人们如此痴迷于用碳纳米管来取代硅材料制备芯片呢?这是由碳纳米管的近于理想的电子学特性所决定的。首先,碳纳米管中载流子的传输是一维的,这就意味着载流子散射的相空间减小,反向散射受到强烈抑制,从而导致极高的载流子迁移率。理论和实验研究都表明,碳纳米管中载流子的迁移率比硅材料高两个数量级以上。高载流子迁移率带来的好处是工作电流大,延迟时间短,因此可以预期,碳纳米管芯片的速度将大大高于硅芯片。应该说,极高的载流子迁移率是碳纳米管材料的最大魅力所在。硅基 CMOS 器件在特征尺寸进入纳米领域时,会出现所谓的短沟效应。单壁碳纳米管的直径通常集中在 $1\sim2$ nm 范围,载流子限域在非常狭小的空间范围内运动,因此可以有效地抑制这种短沟效应,使得理想的静电学控制成为可能。这是碳纳米管 FET 的另一个优点。碳纳米管中的碳原子呈稍微变形的 sp^2 成键构型,径向方向不存在未饱和的悬挂键,因此不需要表面化学钝化,这一点与呈 sp^3 成键结构的硅材料完全不同。这意味着碳纳米管器件不必一定使用二氧化硅作为栅极绝缘材料,可以采用其他高介电常数材料,在材料选择上的自由度大得多。CMOS 技术是传统的硅基微电子器件的基础,其基本结构单元是互补的 n 型和 p 型场效应晶体管。因为碳纳米管能带中的导带和价带是对称的,由此人们预测 CNTFET 中的电子和空穴传输特性也是相似的,这样可以为互补电路提供更平衡的电流驱动机制,CMOS 技术也将适用于制备碳纳米管芯片。

此外,碳原子间的强共价键使得碳纳米管具有非常高的机械强度和热稳定性以及抗电迁移性,这使得金属性碳纳米管能够承受高达 10^9 A/cm^2 的电流密度。因此,与传统的金属铝或铜互联材料相比,碳纳米管是更为理想的互联材料。或许在不远的将来,可以实现全碳集成电路,其中导电沟道由半导体性碳纳米管构成,而互联由金属性碳纳米管承担。这样的全碳芯片不仅速度比硅芯片快得多,而且质量非常轻。

需强调的是,碳纳米管是通过化学方法合成的,通过催化剂和生长条件的控制可以实现管径、手性和能带结构的调控。与复杂、昂贵的微加工设备相比,化学合成手段非常简单,而且成本低廉,可以大幅度降低芯片的造价。在硅器时代,化学家只能充当配角,尽管微加工工艺流程中也涉及各种化学过程。然而,在未来的碳芯片时代,化学家可能担当起主角的大任,因为未来的碳芯片可能是高温炉中烧出来的,甚至可能是烧杯里组装出来的。Wolfgang Hoenlein 对硅器件和碳纳米管器件的基本特性作了详细的比较,见表 1。表中硅晶体管的相应参数取按国际半导体技术发展路线图预测的 2016 年数据。可以看出,对于一些主要的技术指标,包括驱动电流、跨导、门延迟、亚阈值斜率以及漏电流,碳纳米管晶体管都优于硅晶体管。因此,执半导体芯片技术之牛耳的英特尔公司已经把碳纳米管芯片列入其未来技术发展路线图中(见图 9),并组织专门的队伍进行技术研发。IBM、英特尔等半导体芯片巨头的参与必将大大加快碳纳米管芯片的发展速度。或许在不远的将来,硅芯片将走入历史,人类随之进入碳芯片时代。

表1　硅晶体管和碳纳米管晶体管的性能比较

性能	工作电压(V)	驱动电流($\mu A/\mu m$)	跨导($\mu S/\mu m$)	门延尺τ(Cgate* Vdd/Idd)(ps)	亚阈值斜率(mV/dec)	漏电流($\mu A/\mu m$)	有效氧化绝缘层厚度(nm)
ITRS Year 2016	0.4	1500	1000	0.15	70	10	0.4~0.5
CNT-FET	0.4	2500	15000	0.08	65	2.5	1

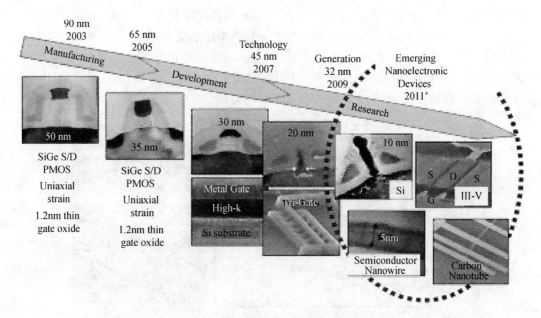

图9　英特尔公司半导体技术发展路线图,碳纳米管晶体管作为研发中的新技术列入其中

四、崎岖的碳纳米管芯片之路

碳纳米管芯片之路并非是一条平坦的大道,能否把理想变成现实需要解决诸多挑战性的课题。应该说,真正的碳纳米管芯片研发工作才刚刚开始,既充满着挑战,也充满着机遇。

首先,最大的挑战来自碳纳米管的控制生长(见图10)。这里的控制生长包含两个不同的含义:一个是手性和能带结构的控制生长问题,另一个是定位生长问题。前已述及,碳纳米管有金属性和半导体性之分,半导体性管的带隙与管径成反比。通常条件下获得的碳纳米管都是不同直径、不同手性以及金属性和半导体性碳纳米管的混合物。而制备碳纳米管芯片时,导电沟道需要半导体性碳纳米管,为获得最佳的器件性能,带隙分布亦即直径分布越窄越好;互联材料则需要金属性碳纳米管,或许以管束的形式为宜。因此,发展碳纳米管结构的有效控制生长技术将左右着碳纳米管芯片的实用化进程。当前人们努力的重点是催化剂的尺寸与结构的控制，因为根据现有的知识，它在碳纳米管的管径和手性形成中扮演着关键的角色。已有研究表明，催化剂的尺寸分布越窄，管径的分布一般也越小。对于小管径碳纳米管来说，手性分布范围相对较窄。关于手性的控制，有人提出"克隆生长"的概念：利用特定手性的碳纳米管作为生长的"种子"，按"开口生长"机理，延伸原有的碳纳米管结构，从而实现理想的手性控制。我们从实验上已经初步证实了克隆生长的可行性，尽管克隆出来的碳纳米管长度非常有限，只有数个微米长，但是显示了诱人的发展前景。鉴于金属性和半导体性碳纳米管在电场中的极化效应存在着显著差异，我们还发展了一种"电场扰动化学气相沉积方法"。在这种生长模式下，金属性碳纳米管受到强烈的电场扰动，在生长的初期即终止，从而在生长长度超过一定范围后，可以获得半导体性碳纳米管阵列。这些尝试表明，尽管碳纳米管的手性控制难度很大，仍有着广阔的探索空间，尤其需要研究思路上的突破。

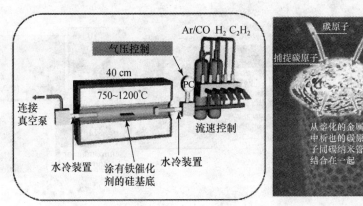

图 10　用于碳纳米管控制生长的化学气相沉积系统以及催化剂作用原理示意图

定位生长是器件加工方面的需要。如果直接利用表面生长方法构筑逻辑器件，自然要求有效地控制碳纳米管在芯片表面上的生长位点和生长方向。目前常用的方法是对催化剂进行定位，有催化剂的地方才能长出碳纳米管。但是，由于催化剂的效率通常不是很高，因此无法保证一定能够在需要的地方长出碳纳米管。至于生长方向，可以通过碳源气流方向和流速的控制或者衬底晶格诱导方法来实现。此外，碳纳米管的控制生长还可以延伸到各种"结型"管的制备。

例如，我们发展了一种"温度阶跃生长技术"，通过在生长过程中快速改变温度，直接制备出金属-半导体、半导体-半导体以及金属-金属等单壁碳纳米管分子内纳米结，为碳纳米管逻辑器件的构建提供了新的可能。这也是从单一催化剂颗粒出发调控碳纳米管直径的首次报道，反映出催化剂作用的复杂性。

鉴于控制生长上的难度，金属性和半导体性单壁碳纳米管的分离便成为另一个必须面对的技术挑战。通常所说的碳纳米管分离包括管径、管长、金属性和半导体性,以及手性的分离等四种不同的含义。对于CMOS器件来说,至关重要的是金属性和半导体性管的分离问题。一般而言,分离的前提是互相之间存在足够大的物理或化学性质的差异。为了尽可能地放大这种差异,人们常常对碳纳米管进行选择性化学修饰。

一般有以下五种可能的化学修饰方法:(1)共价型侧壁化学修饰;(2)缺陷位点或开口端的共价修饰;(3)非共价型表面活性剂包覆;(4)非共价型高分子缠绕;(5)管内填充等(见图11)。针对不同的分离需求,所采用的修饰方法也不尽相同,其中侧壁化学修饰研究得最多,也最为有效。

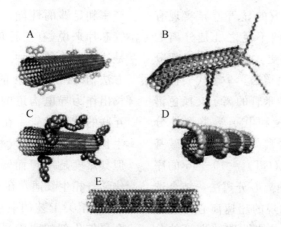

图 11　常用的碳纳米管化学修饰方法

A. 共价型侧壁化学修饰;B. 缺陷位点或开口端的共价修饰;C. 共价型表面活性剂包覆;D. 非共价型高分子缠绕;E. 管内填充

已报道的金属性和半导体性碳纳米管的分离方法主要有:(1)选择性化学修饰法。利用金属性和半导体性碳纳米管与重氮盐、二氯卡宾、过氧化氢等共价反应活性的差异,结合超速离心分离、电泳和色谱技术,实现二者的分离或特定碳纳米管的去除。非共价化学修饰的成功例子包括基于有机胺吸附的分离方法、电荷转移复合物形成法等。此外,利用卟啉可以实现半导体性碳纳米管的选择性非共价修饰,而手性双卟啉分子甚至可以实现碳纳米管的手性选择性分离。对于小直径单壁碳纳米管来说,非共价高分子或DNA缠绕也显示出直径和电子学类型(金属性和半导体性)的选择性。(2)选择性破坏法。对于制备碳纳米管晶体管来说,只需从混合物中选择性地除去金属性碳纳米管即可。实际上,上述液相化学反应修饰方法中,有些即属于金属性碳纳米管的选择性破坏法。此外,还有气相反应法、等离子体法、光化学氧化法以及大电流熔断法等。例如,氟气蚀刻加之后续退火处理可以选择性地除掉直径小于 1.1 nm 的金属性管,而甲烷等离子体烃化反应对碳纳米管膜中大管径(1.4~2 nm)金属性管的清除非常有效,并且这种处理方法与传统的微加工工艺兼容。研究表明,紫外光照也可以选择性地氧化除去金属性碳纳米管。另一个简便实用的方法是大电流熔断法：通过栅压控制关断半导体性管，再通以大电流，金属性管因超载而熔断。(3)电泳分离法。从尺寸上讲，单壁碳纳米管类似于许多生物大分子，因此有些生物分离方法可以借用过来。其中交流介电泳法可以利用金属性和半导体性碳纳米管的介电常数的显著差异实现有效的分离。这种方法的不足之处是分离的量非常有限，当然使用更大的电极可以部分解决这个问题。(4)色谱法。一个代表性的例子是DNA包覆碳纳米管的离子交换色谱法，可以同时实现管径和电子学类型的分离。后续研究表明，分离效率与DNA碱基对序列密切相关，其中$(GT)_n = 10 \sim 45$的序列效果最佳。(5)超速离心分离法。结合选择性化学修饰方法，常规的超速离心方法也可以用于金属性和半导体性碳纳米管的分离。此外，人们还发展了一种密度梯度超速离心方法，利用浮力密度的差异进行分离。这种方法对于不同管径碳纳米管的分离非常有效。通过适当选择表面活性剂，还可以实现金属性和半导体性碳纳米管的分离。

从制备实用型碳纳米管芯片角度讲，已报道的各种分离方法都存在诸多不足。最常用的溶液化学方法通常会引入其他物种，降低器件性能，后续的器件加工也是一个难题，尽管自组装方法给人们展示了新的想象空间。相比之下，原位选择性破坏法更具可行性，只是这些方法对半导体性碳纳米管也难免造成或多或少的破坏。我们正在发展一种原位化学转化方法，通过对芯片衬底进行适当的化学修饰，直接将金属性管转化为半导体性管，从而回避分离问题，并且实现

碳纳米管的完全利用。理论上讲，这种化学转化方法是可行的，关键在于能否有效地控制碳纳米管上的局域反应，或许可以成为未来解决碳纳米管分离问题的杀手锏。

第三个挑战性的课题是器件加工技术。真正的实用化加工工艺要求具有大量器件的并行加工能力，而且要保证接近100％的产率和足够的性能可重复性。对于碳纳米管芯片来说，有三种可能的加工方法，或者是这些方法的某种组合。一个是原位生长方法，直接在图形化的芯片上特定的位置生长出作为导电沟道的半导体性管或者作为互联的金属性管。在三种典型的碳纳米管生长方法中，化学气相沉积方法最为合适，但其难度是可想而知的。单壁碳纳米管的化学气相生长通常在800℃以上的高温下进行，与相关工艺的兼容性有待解决。此外，金属催化剂的去除是原位生长法所带来的新问题。该方法的一个变种是先在芯片上生长碳纳米管阵列，然后再进行电极加工和互联。考虑到金属性碳纳米管的分离或选择性去除以及催化剂的去除问题，这种方法更具有现实性。

第二个技术选项是自组装方法。利用碳纳米管或经过化学修饰的碳纳米管与芯片表面(包括预置电极)的特殊相互作用，将碳纳米管组装到芯片上的预定位置。也可以借助于流体流动、外场(例如电泳或介电泳中的直流或交流电场)等手段实现碳纳米管的组装。这种方法的优点是可以与溶液化学分离技术有效结合，但目前只适用于制备简单的结构，尚无法满足复杂器件制备的需要。

第三种方法是转移印刷技术，包括我们在内的数个课题组在从事此类技术的研发

工作。利用高分子薄膜、金膜等转移介质，把碳纳米管可控地转移到芯片表面。通过重复转移过程，可以制备复杂的多级结构，转移对象也不限于碳纳米管，因此可望实现各种纳米结构单元的集成。缺点是效率低，耗时长，难以用于大规模的器件制备。在器件加工方面，还需要考虑开发能显著提高器件密度和使寄生电阻、边缘电容和叠加电容最小的制作工艺和器件结构。

总之，当前的碳纳米管器件研究仍基本上处于单元器件的水平，无论从控制生长和分离，还是从器件的加工方法上讲，都还处于"碳纳米管芯片"发展的初级阶段，存在着诸多不定因素，也存在着广阔的发展空间。

五、结 束 语

碳纳米管芯片与硅芯片之争尚刚刚开始，鹿死谁手远未见分晓，而时间则是最好的裁判。有趣的是，硅芯片的三巨头英特尔、IBM 和 AMD 都积极参与并逐渐主导着碳纳米管芯片技术的研发，人们对这种超级芯片的期待可见端倪。实际上，碳纳米管芯片并非是突破硅芯片发展瓶颈的唯一选项，正在研发中的还有单电子器件，共振隧穿器件、自旋电子器件、量子网络自适应计算机、纳米线器件，以及分子电子器件等。最近又出现了新的竞争者——石墨烯（见图 12）。由单层石墨片构成的石墨烯具有类似于碳纳米管的优良电子学特性，但是基本上不存在手性控制的麻烦，因为只要控制切割方向即可得到手性一致的石墨烯纳米带。这种纳米带当宽度小于 10 nm 时，均呈现半导体性，因此也不存在金属性和半导体性的分离问题。而且，相对于准一维的碳纳米管来说，二维石墨烯可以更好地与现行微加工工艺兼容。也就是说，碳纳米管器件所遇到的主要难题对于石墨烯来说都可以回避。但是，最大的挑战是石墨烯的制备，目前尚无很好的方法来可控地制备大面积、高质量的石墨烯材料。用战国时代来描述芯片研究的现状似乎是再恰当不过了，而且新材料和新原理还会不断涌现。就当前的发展趋势而言，碳纳米管和石墨烯芯片研究风头正劲，这种"碳芯片"寄托着人们无限的希望。最后，需要指出的是，碳纳米管芯片和石墨烯芯片无论谁脱颖而出，化学家都是赢家，因为从制备到分离乃至加工组装都离不开化学，化学的魅力将在未来的"碳芯片"中得到充分的体现。

图 12　石墨烯的物理模型（左）和机械剥离法制备的单层石墨烯的原子力显微镜照片（右）

参 考 文 献

[1] M・麦亚潘,主编.碳纳米管——科学与应用[M].刘忠范,等译.北京:科学出版社,2007.

[2] 甘学温,黄如,刘晓彦,张兴.纳米 CMOS 器件[M].北京:科学出版社,2004.

[3] Avouris P, Chen Z H, Perebeinos V. Nature Nanotechnology, 2007, 2:605.

[4] Hoenlein W, et al. Materials Research Society Symposium Proceedings, 2003, 772, M4. 5.1.

[5] Hersam P M C. Nature Nanotechnology, 2008, 3:387.

[6] Geim A K, Novoselov K S. Nature Materials, 2007, 6:183.

从古巴比伦祭司的专利到介观科学的宠儿

——胶体与界面化学漫谈

黄建滨

一、胶体与界面化学的由来——一个实际上错误的定义引出的重要科学分支

"胶体"一词源于 1861 年英国科学家格雷汉姆(T. Graham)《应用于分析的液体扩散》的文章。他在研究物质在水中的扩散速度的实验中发现：有些物质如糖、尿素、无机盐等在水中扩散很快，容易透过一些膜(如羊皮纸,实际上就是后来科学定义上的一类半透膜)；而另外一些物质(如明胶、硅胶以及后来发现的蛋白质)则扩散很慢,不能或很难透过半透膜。当溶剂蒸发时前者容易形成晶态的物质析出,而后者则不能,而是形成一些无定形的胶态物质。他把后一类物质定义为胶体(colloid),而前者则为晶体。

1905 年俄国科学家对 200 余种物质进行了大量的实验,发现上述划分实际上是错误的。此种分类并未说明胶体本质。因为二者无明显界限,适当条件下可相互转化(如盐在酒精中就呈现出胶体的性质)。实际上,直到 20 世纪超显微镜的发明及电子显微镜的应用,人们才对胶体有了逐渐清楚的认识,并清晰地给出了胶体的定义：尺寸在纳米和微米(亚微米)之间的质点。

随质点尺寸减小,单位量物质所拥有的界面面积迅速增加。界面上分子比例越来越大,在宏观体系中由于界面分子所占比例很小,比如 1 cm 半径的颗粒,表面分子大约只占百万分之三,基本可以忽略界面分子对体系性质的贡献；但是到了胶体尺寸大小的粒子,其表面分子可能占到 30%！因此界面对胶体的研究具有十分重要的意义,也常把胶体化学称为**胶体与界面化学**。

由于胶体与界面化学的定义要求我们重视的是质点尺寸,而非一些科学分支所重视的化学组成(有机/无机)、样品来源(生物/矿物)或物理状态(一相/多相)。因此,它所研究的内容必然是与多个学科研究领域相互交叉的,比如物理学、生命科学、材料科学等。而它所涉及的质点又恰好是目前人类认识中相对比较薄弱的一环。在比胶体质点更大的宏观粒子体系中,我们可以运用经典热力学来了解相关现象的本质；而对于比胶体质点更小的微观粒子状态的研究中,量子力学则已经给我们提供了强大的支持。唯独在介于其中的介观领域,尚缺乏成熟的理论来诠释纷繁复杂的现象和变化,也

曾经在很长的时期被人们所忽视。胶体与界面化学的理论研究也是到 20 世纪才真正系统地展开,其中很大的原因是由于人们当时对于相关尺度的表征束手无策,也就无从谈起进一步的了解和研究。相关实验手段的发展带来了胶体化学的逐步深入研究。而随着人们认识世界能力的逐渐提高,胶体与界面科学也日益受到人们的重视,成为多学科交叉的热点研究领域。

二、胶体与界面化学的特色——特异的定义使其成为学科交叉融合的热点

　　胶体与界面化学是物理化学的一个分支。但实际上,在历史上很多非传统物理化学领域的学者、名人都曾经在此领域耕耘并作出了重要贡献。显微技术的发展对于胶体与界面化学起到了至关重要的推动作用,而虎克在其中的贡献已经是众所周知的。实际上超显微镜的发现才真正实现了人类对于接近 10 纳米微粒的观察,而最初的工作却是由德国化学家席格蒙迪(R. A. Zsigmondy,出生于奥地利维也纳)和德国蔡斯工厂的光学家西登托夫(H. F. W. Siedentopf)共同完成的。席格蒙迪在相关工作的基础上,对胶体与界面化学的发展作出了开创性的贡献。其对胶体溶液的多项性质的阐明和对现代胶体化学基本方法的设计使他成为开启胶体理论研究的第一人,他也因此获得了 1925 年的诺贝尔化学奖。但席格蒙迪(1887—1890 年用三年时间在 25 岁时获得慕尼黑大学博士学位)获得博士学位的方向是有机化学,毕业后的头两年在柏林大学进

R. A. Zsigmony(1865—1929)
1925 年获得诺贝尔化学奖

行的工作也锁定在无机包容物方向。席格蒙迪 32 岁时进入工业界(1897 年进入丘德·吉诺森玻璃制造公司,与蔡斯工厂同在德国的耶拿地区),进而有缘和西登托夫相识。1900 年离开工业界,开始 7 年的私人研究,并得到了西登托夫的大力协助,其一生中最重要的几项发现和发明都是在这个时期个人奋斗完成的。有趣的是,席格蒙迪在私人研究时有关金溶胶研究及其扩展工作的研究,为生物化学、细菌学乃至土壤化学的基础研究解决了大量的难题。而他在 1907 年结束私人研究重返大学任教时(虽然实际上是继续从事着胶体化学研究,却固执把自己的方向归属于无机化学),不仅对胶体化学中基本研究方法作出了重要贡献,而且对凝胶的相关研究也创造了巨大的商业价值。多种阴差阳错的巧合,实际上可以促使我们对胶体和界面化学学科交叉特点和广泛实用性进行更加深刻的思考。

　　胶体与界面化学可广泛应用于矿物浮选、石油开采、食品加工、制药、纺织、洗涤日

化等多个工业和生活领域,与物理学、生物学、材料科学、光电技术科学等经典或新兴学科也都有着广泛的联系。很多对胶体化学作出重要贡献的人本身往往出身或界定为其他领域。仅以物理学为例,大名鼎鼎的牛顿就曾经对胶体化学中液膜的自修复现象进行了深入研究(亦有此现象是牛顿最早发现一说),而最初的论点提出竟然是牛顿早期诗歌中利用肥皂泡对爱情的比喻(似乎中国人一般都用固体物质来比喻爱情,但仔细想想牛顿的比喻还真是很恰当)。而为胶体化学作出突出贡献的学者中有两位竟然获得的是诺贝尔物理学奖!而且巧合的是,都是来自法国。佩兰(J.-B. Perrin)在布朗运动的研究中,对胶体粒子在引力场中的运动和平衡特点进行了细致的工作,对胶体与界面化学沉降理论作出了重要贡献,并因此获得了 1926 年的诺贝尔物理学奖。而 1992年另一位法国诺贝尔物理学奖得主德热纳(Pierre-Gilles de Gennes)的获奖演讲即以"软物质(soft matter)"为题,其演讲内容将其民族特有的浪漫和科学的严谨巧妙地结合,使得包括各种胶体分散体系、表面活性剂溶液和高聚物溶液的主角软物质给世人留下了深刻的印象,也使得胶体与界面化学中有序组合体的相关研究(后文会详细论述)受到了国际科学界的高度重视。1994 年英国工程物理学会就将软固体(soft solid,仅仅是名称不同而已,科学本质与软物质相同)列为研究专题,随后凝聚态物理学、生命科学、药物学都对此投注了高度的重视,并促进了膜模拟化学的高速发展。

胶体与界面化学的多学科交叉特点使得不仅很多其他领域的科学家在此大展身手,许多工业界人士甚至传统认定的艺术家也曾对此作出重要贡献。文艺复兴时期的著名艺术家达·芬奇就曾经对毛细现象进行了研究,并对液体(染料等)在固体表面的润湿和铺展开展了重要的早期研究工作。19 世纪法国科学家拉普拉斯(Pierre Simon de Laplace)和杨(T. Young)进而奠定了表面张力、毛细现象和润湿现象的理论基础。为后来胶体与界面化学在研磨、润湿、防水、防污、脱色、洗涤、乳化、催化等方面的应用打下了坚实的一步。

胶体与界面化学是一门既古老又年轻的科学。在人类文明的初期,界面现象就引起了人们的注意。古巴比伦楔形文字记载了当时人们曾用油在水面上形成不溶膜的颜色和运动的特点来占卜命运。值得注意的是,当时是严格禁止普通人进行相关"研究"的,只有"祭司可以将芝麻油滴于水面并对着朝阳观察,自油膜的色彩及运动来预言未来"。可以理解,当时的限制更多是为了保护祭司行为的神秘性,但却引发了笔者对此的强烈反思:为什么今天我们在有些研究中还在过分强调科学研究仅仅是属于具有专业背景(或者特殊背景)人士的专利,而不大力提倡整个民族对科学的重视和深入思考乃至科学探索行为?(这也是对一些读者可能对本讲题目的一些疑惑给予的部分解释。)实际上,科学是属于整个人类的。不仅科学的成果会被整个人类分享(即名人提出的"科学无国界"),而且科学探索和研究本身也是属于所有人类源自好奇心、好胜心驱动下的行为。也许好的结果要在恒心下结合渊博学识和拼搏行为产生(笔者提出的科学研究中的"三心两博"),但是开展科学探索、了解科学过程特别是进行科学思考却是每个人不可剥夺的权利。

虽然油膜在水面上运动的现象人们观察和"运用"已久，但是真正揭开相关科学过程谜底还要归结为美国科学家富兰克林（Benjamin Franklin）的一次度假之旅中的发现……

三、一个"老人"在英国伦敦的池塘里倒了一勺油……

1765 年，Benjamin Franklin 在英国休假的时候，因不堪 Clapham Common 池塘水面因大风所造成波浪对下榻房间（小木屋）的袭扰，开始了平浪的研究。他发现不满一茶勺（约 4 mL）的橄榄油会在水面铺展成膜，立即使约 3 亩（2000 m²）水面在大风天波浪平服。"它令人吃惊地漫延开去，一直伸展到背风的岸边，使四分之一的池面看起来像玻璃那样光滑。"而且加再多的油就不再铺展，而是在水面上形成漂浮的油珠。传说中 Benjamin Franklin 此举源自于其夫人怨念的要求（基于对科学家无所不能的期盼），虽然没有充足的史料证实相关的"爱情动力说"，但是面对生活中的问题进而力图解决的基本动机却不容置疑。细心的 Benjamin Franklin 在问题解决后（其实我们不知道他当时是否意识到了这是和单分子膜制备相关的重要科学问题），认真地记录了相关的过程和使用的量，并且就这个小现象的发现，在 1774 年向皇家协会宣读了他的论文。后人经过对相关问题的简单计算（其实仅仅是估算），发现此时的油膜厚 20Å（2.5 nm），并且成为人类历史上第一个明确记载的单分子膜！于是这段富有戏剧性开场的事件

受到了广泛的关注，拉开了人们对不溶物单分子膜研究的序幕。

事实上，古埃及人早就发现了油对风浪的平服作用。人们对 Benjamin Franklin 发现的关注并非由于平浪的结局，本质的原因是因为他异常简单地制备了单分子铺展的膜。其实人类信息的纪录和传递都必须依赖于有序度的可控变化，于是固体上的有序留痕成了千百年来人类文明记载和传扬的重要手段。但是要想获得更大程度的信息存储，就必须在更加细小划分最好是分子尺度上控制有序性的排列。所以就非常好理解对于 Benjamin Franklin 这个源于生活的问题，甚至有些随手之举的行为人们所给予的高度评价。这段故事其实发人深省的地方很多。我在给学生讲课的时候，除了费尽心机把相关数字弄成更加具有趣味性的组合（1765 年，4 mL，三亩，2 nm，第一个单分子膜），还曾经半戏言地总结了几条自我的"伟大发现"：第一，一定要做好试验记录（如果没有当时认真的记载，后人根本没有办法去作相应的估算），这也许是你成功的关键。第二，在任何时刻你都有施展才华的机会，无论在休假亦或是沉浸在爱情之中，也同样可以凭借自己对科学问题的洞察力作出你的贡献。因此，不要把自己的懒惰或者无所事事归罪于上帝的不公或者他人的影响。第三，科学家有能力解决生活中的难题，也有实力用伟大的行动博得异性的芳心（戏言之外，确实是有很多充分的例子可以证明，我们不是一群被某些人描绘的不食人间烟火的呆鹅）……

在 Benjamin Franklin 之后，19 世纪末，Pockles 和 Rayleigh 对表面不溶膜进行了进一

步的研究。最早的定量试验是著名科学家瑞利(Rayleigh)在 1890 年利用油酸分子控制樟脑在水面上"跳舞"的工作中开展的。他发现油酸分子膜厚度控制在 1.6 nm 就已经足够。1891 年 Pockles 女士则设计了第一个研究不溶膜的装置,并提出了将膜控制在一定区域和清除的方法——移动涂蜡障条和刮膜法(实际上现在的相关处理方法仍是基于当年操作上的小改进!)。1899 年 Rayleigh 对 Pockles 给出了合理的解释后,不溶膜的研究从方法和内容上都不断地取得进展。尽管阿当姆斯(Adams)等人随后也作出了在此研究方向的贡献,但是真正推动不溶物表面膜基础研究和应用取得质的飞跃和关键性进展的,则毋庸置疑地要归功于另外一位令人尊重并富有传奇色彩的科学家——朗格缪尔(I. Langmuir)。

I. Langmuir(1881—1957)
1932 年获得诺贝尔化学奖

四、富有传奇色彩的学者
——朗格缪尔(Langmuir)

　　Langmuir 和大多数科学工作者不同,他不是在大学或者传统意义上的专门性科研机构进行自己的研究工作的。从学校毕业后,他选择了进入美国通用电气公司来开始自己人生的奋斗之旅。当时该公司很主要的一个产品就是电灯泡,但灯泡寿命很短暂,因此大大影响了公司的相关业务。通用电气公司非常鼓励自己的员工对公司提出建议以促进公司的发展。当时很多人都提出了这个问题,而且也有一部分人指出了其实这个问题的症结在于灯丝的质量。然而只有 Langmuir 不仅发现了问题,而且给出了明确的建议:用钨丝作为灯泡的灯丝来解

决这个问题。Langmuir 的建议被公司采纳后取得了巨大的商业成功,由于电灯泡在当时电气照明市场独步的位置,也大大促进了通用电气公司的发展。因此,公司决定对 Langmuir 进行重奖。除了一部分奖金之外,Langmuir 还可以选择一个方向在该公司进行相关的研究,而通用电气公司则保证给他提供充足的经费和相关实验条件。这是一个对于真正有志于从事科学工作的人无法拒绝而且梦寐以求的惊天诱惑。因为经费和实验条件的问题几乎是所有科学工作者要永恒面对的主题。Langmuir 欣然接受了通用电气公司的条件,但作为一个物理系的毕业生,却有些令人惊讶地选择了胶体与界面化学作为自己的研究方向,开始了自己一生的科研之旅。这个故事至少对我的心理冲击是巨大的,除了意识到科学家不仅要发现问题,找到问题的关键,更重要的是提出具体的解决问题的方案外,也使得当时在大学学习的我对于胶体与界面化学这个方向产生了深深的向往。也许今天在了解

了胶体与界面化学的特点之后,是很容易理解 Langmuir 的选择的。但是人在衣食无忧,可以充分选择、实施自己意愿时候的选择还是反映出了相关领域独特的魅力的。其实正是由此,我开始关注这门学科并最终选择它作为自己目前从事的科研方向。

Langmuir 在获得了终生的保障和非常自由的科研环境之后,并没有饱食终日、虚度时光,而是以旺盛的热情投入到自己钟情的领域之中,并做出了令人啧啧称道的成功之举。1914 年 Langmuir 设计了研究不溶物表面膜的重要器材——膜天平(现在的仪器无论从基本原理还是硬件措施仅仅是对当年的装置进行材料的现代化和引进了计算机控制!),极大地促进了表面不溶膜系统研究工作的发展。1916 年 Langmuir 在固气界面的吸附研究方面作出了重要的科学贡献,他基于分子运动论的观点和相关试验结果提出了著名的 Langmuir 吸附公式,一举奠定了固体吸附研究的基础,并扩展到其他的表界面吸附的研究中。1932 年 Langmuir 成为第一个(也是目前唯一一个!)在公司获得诺贝尔化学奖的学者。获奖之后,Langmuir 并没有停止自己科研征途上的步伐,1950 年 Langmuir 和他的学生 Blodgett(女)首创了一种膜转移技术:使得不溶物单分子层可以通过非常简单的办法转移到固体基质上,并且保持其定向排列的分子结构。相关技术以发明人的首字母命名为 LB 技术,相关的有序膜命名为 LB 膜。这一发明具有十分重要的意义,因为化学家在液相中已经积累了大量的经验去控制原子(化学反应)或者分子(超分子化学的有序组装)的排列,而 LB 技术的产生意味着将有可能把液相的有序性控制移植到对人类社会具有更为重要影响的固

体世界中。随后 20 年间,利用 LB 技术进行分子组装,发展新型光电子材料、智能材料成为高新技术发展的一个迅猛发展的热点。尽管 Langmuir 已经于 1952 年辞世,为纪念 Langmuir 在胶体与界面化学上的卓越贡献,1983 年创立了以其名字命名的胶体与界面化学专业期刊 Langmuir,并发展成为今天胶体与界面化学最为重要和权威性的学术杂志。

Langmuir 的生平引起人们思考的地方很多,是什么力量驱使 Langmuir 在没有生计压力的情况下不断耕耘?作为一名在公司工作的学者,为什么他不受周围对商业利益追求的影响而在基础科研的领地上一次次树立起自己贡献的丰碑?目前很多人相信压力会产生奇迹,而这对于科学家是否真正适用?现在对于学者给予了很多具体的目标和任务的要求,而且是每年总结、评比,而这是否真正有利于科研的正常发展?大量数字化的评比指标和对诺贝尔奖等世界高水平奖项的追求几乎成为现行科学的主要评价体系,而 Langmuir 的成功是否让我们意识到认真提高我们整个民族的科学鉴赏力才是问题的关键所在?我们可以看到,在 Langmuir 的人生旅程中,对科学强烈的兴趣一直是驱使他前进的巨大动力(相关的资料证明"他工作时总是全神贯注,旁若无人"),这是否促使我们对于教学中系统性和趣味性的位置重新考虑?也许我们走进某个科研领域,是由于相关学科自身的魅力,而很多人告诉我其实他们最初接触到的相关学科的人(主要是启蒙老师)的个人魅力对他们影响颇深,这更加让我们认真考虑教师全面素养对教育本身的意义。另外,值得一提的是,Langmuir 在获得诺贝尔奖之后,在名、利都达到令人羡慕的成功之后,他仍然以自己坚持的生活态度在 18 年后再创惊

世之举。其终生奋斗的经历使得很多人（包括我在内）在汗颜之余，应该再度认真思考所谓"享受生活"的真正意义所在……

Langmuir 的故事似乎令人感到在胶体与界面化学领域的成功像是信手拈来，然而胶体与界面化学的研究还是有其特有的复杂性的。这不仅由于科学的认识往往和从事的人在生活中的体验经历有关（与三维的宏观体相体系相比，表界面世界在日常生活中给人的直接感性认识要少得多），而且经典的热力学处理中经常作出忽略界面相贡献的假设。这就使得很多涉及此领域的拓荒者感到似乎有些无从着手。那么有没有很好的迅速进入胶体与界面化学主体研究的切入点呢？答案是肯定的。那就是表面自由能和表面张力现象。

五、连接体相和界面的桥梁——表面自由能和表面张力现象

相邻两相的边界区域称为界面。如果两相中有一相为气相则可称为表面，即所谓的固体表面和液体表面。表面张力和表面自由能是非常重要的胶体与界面化学概念，二者又存在着密切的联系，都与体系的分子间相互作用直接相关。

以液体表面为例，液体表面分子与液体内部分子的环境不同（见图 1）。由于液体内部分子受周围分子的吸引是各向同性的，彼此互相抵消，合力为零。所以液体内部的分子可以自由移动。处于表面的分子则不同，由于气相密度较小，表面分子从气相方面受到的吸引也小得多，因此表面层分子受到指向内部的合力。当分子从体相移动到表面就需要克服这个力做功，因而引起表面和体相的能量产生差异。于是当液体表面积增加（即把一定数量液体内部分子转变为表面上分子），体系总能量将随体系表面积增大而增大。对一定量的液体，在恒定温度、压力下体系增加单位表面积外界所做的功，即增加单位表面积体系自由能的增量就称为表面（过剩）自由能。这里值得注意的是，表面自由能并非表面分子总能量，而是表面分子比内部分子自由能之增值。因此又常称其为表面过剩自由能，通常以 mJ/m^2 为单位。

空气

液体

图 1　表面自由能的微观解释示意图

对液体表面自由能作出贡献的分子间作用力随液体的组成和状态而异,可以是范德华力的各种成分、氢键、金属键(比如液态金属汞)等。随液体体系内部分子间作用力的性质不同或强度不同,液体的表面自由能也发生相应的变化。

表面张力同样是与分子间作用力密切相关的。当无外力影响时,一滴液体总是自发地趋向于球形,比如常见的水银珠和荷叶上的水珠。这是因为液体表面具有自动收缩的趋势,而体积一定的几何形体中球体的面积最小。实际上严格地说,表面张力代表的是液体的表面张力系数,即垂直通过液体表面上任一单位长度与液面相切的力。表面张力是液体基本物化性质之一,通常以 mN/m 为单位。常见液体中水的表面张力最大(由于水存在很强的氢键),约72 mN/m。表面张力一般随温度的升高而降低,而压力则一般对液体的表面张力影响不大。

相对于表面自由能,表面张力较难以被人理解。事实上这个问题曾经长期困扰表面化学家,有人甚至否认表面张力的存在。随着对分子间相互作用理解的逐渐深入,对表面张力的认识也逐步清楚。由于表面上的分子比体相内部具有更高的能量,按照统计热力学中的 Boltzmann 定律,表面层的分子的密度将小于内部的。于是表面分子间的距离将变大,从而使得表面上的分子沿表面方向存在着侧向引力,即收缩表面的表面张力。但实际上直到 1952 年 I. Prigogine 和 Saraga 用统计力学方法计算了液态氩在 85 K 时的表面张力、表面总能和表面熵值,发现与相关结果吻合得最好的表面模型是

由氩原子和30％的空洞组成的,上述表面张力的形成机制才得到了支持。

表面张力是一个相对较难理解的概念。从某种程度上可以理解为防止液体飞散的表面绷带。为此,我在相关的教学过程中曾经创编了一个草原的爱情故事:通过思念恋人的泪水推动五根折而未断的火柴杆成为美丽的五角星,这一表观上的"爱情的奇迹"而实际上是可借助表面张力实现的物理过程(见图 2),使得学生们较为顺利通过了这一"教学瓶颈"。表面张力和表面自由能物理意义不同,分别是力学/热力学方法在表面现象中的物理量;但是二者都是体系分子间作用力的体现,具有相同的量纲,单位适宜时数值也相同。由于历史的原因,二者所用的符号相同(γ),因此很容易混淆。但是也可以根据这个特点,通过相对容易的力学测量手段在获得表面张力的同时获得表面自由能的结果。

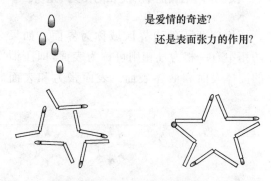

是爱情的奇迹?
还是表面张力的作用?

图 2　表面张力实现的"爱情的奇迹"

实际上,表面自由能和表面张力现象并不仅局限于液体表面,而是存在于一切相界面上(如固气界面、液液界面、固液界面),只要作相应的处理就可以将其转化为对应的界面张力和界面自由能。而所有经典热力

学中关于三维宏观世界的封闭体系热力学公式,只要简单地加上 γdA 项的表界面校正后,就可以用来处理相关的界面体系了。所以,这里把表面张力和表面自由能称为连接体相和界面相的桥梁实不为过。

但是仅仅拥有表界面热力学的模型处理,对于解决基础科研和实际应用中的具体问题还是不够的。因为实际体系往往是多元体系,随着体系浓度的变化,表面张力和表面自由能会发生相应的变化。不同的体相浓度与其对应的表面张力所组成的曲线被称为表面张力曲线。而且表界面相由于自身的特性,相关测量十分困难,在此基础上的系统研究的挑战性就更加可想而知。人们盼望着可以利用体相的性质(如浓度)去推知、推算表面性质,从而了解这个神奇的界面世界。这个问题直到 1876 年才由伟大的化学家吉布斯(J. Willard Gibbs),用十分独特的思维方式巧妙地进行了解决。

六、伟大的吉布斯(Gibbs)与他"用尺子量分子"的表面吸附公式

实验证明:当两种不完全混溶的两相在接触时,交界处并非有一界线分明的几何面将两相分开,而是存在一界线不很清楚的薄薄一层。此层只有几个分子厚,其成分和性质皆不均匀,与二体相的性质也不同,这就是所谓的表面相。由于表面相的特点,相关性质的测量和进一步的系统研究都是十分困难的。因此,科学家们采取了不同的表面模型来描述表面状况,并希望由此简化问题的复杂性,获得对界面科学研究认识上的突破。

在相关的研究中主要有两种界面的假设模型。一种是 R. Guggenheim 提出的界面相模型。他把表界面看做分隔相邻二体相(α 相/β 相)的一相。此表面有一定的厚度及体积。α 相→β 相性质的所有变化均在界面相中发生。这个模型非常清楚,也很容易被人接受,但是实际的具体处理非常复杂。而著名科学家 Gibbs 则提出了另外一种——相界面模型。他把表界面看做分隔相邻二体相(α 相/β 相)的数学平面。此表面无厚度及体积,称为 Gibbs 表面。将 α、β 相性质均不变地扩展至此界面,由此得出溶质(或溶剂)的总量与实际量的比值,可求算出某一组分表面过剩量。而单位面积的表面过剩则称为该组分的吸附量或表面浓度(Γ)。

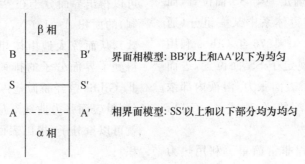

图 3　两种界面的模型

Gibbs 模型与一般科学研究中的模型处理有着显著的不同，一般的模型处理是对复杂问题的简化和合理的近似，而他描述的表面状态是明显和客观世界不相符合的（表面相为无厚度的数学平面，相邻的周围是均匀的体相）。因此，很难被人们所理解和接受。但是 Gibbs 模型中只存在着均匀的体相，因此数学上的处理十分简单。实际上 Gibbs 模型是将真实的世界进行扭曲（为了数学处理上的方便），然后再进行合理的还原，通过比较求差了解真实世界。就好比一斤橘子3.99 元，我们买 9 斤 9 两时，可以按单价 4 元和 10 斤进行处理后再扣掉相应因浮动引起的误差。

在 Gibbs 模型中 SS′ 位置非常关键，显然如果 SS′ 位置改变，吸附量也随之变动。因此若不将 SS′ 位置确定，吸附量 Γ_i 就无任何意义。而在林林总总的具体体系中找到一个普遍的、方便的共有假定界面位置实在是太难了，这也成为当时很多人诟病 Gibbs 模型的一个原因。

但是这里我们不得不赞叹 Gibbs 的伟大，他根本就没有逐个体系地寻求所谓特殊性的认识。而是一针见血地指出：无论体系有多少组分，总可以确定一个 SS′ 面位置，而且只有一个位置，使得体系中某一组分（通常为溶剂）的过剩为 0。1876 年 Gibbs 利用这个很巧妙的方法规定了 SS′ 面位置，进而用热力学方法导出了表面张力、溶液内部浓度和表面浓度三者的关系式——Gibbs公式。

公式推导的过程非常简单。利用热力学基本公式在恒温恒压条件，结合吸附量的定义很容易得到

$$-\mathrm{d}\gamma = \sum \frac{n_i^\sigma}{A}\mathrm{d}\mu_i = \sum \Gamma_i \mathrm{d}u_i$$

其中，A 为界面面积，γ 为表面张力，Γ_i 和 μ_i 分别为组分 i 的吸附量和化学势。对于二组分体系可以展开为

$$-\mathrm{d}\gamma = \Gamma_1 \mathrm{d}u_1 + \Gamma_2 \mathrm{d}u_2$$

而根据 Gibbs 界面划分法 $\Gamma_1 = 0$，故

$$-\mathrm{d}\gamma = \Gamma_2^{1)} \mathrm{d}u_2$$

又 $\mathrm{d}u_i = RT\mathrm{dln}a_i$（$a_i$ 是组分 i 的活度，R 是普适气体常数，T 是热力学温度），于是

$$\Gamma_2^{1)} = -\frac{1}{RT}\frac{\mathrm{d}\gamma}{\mathrm{dln}a_i} = -\frac{1}{2.303RT}\frac{\mathrm{d}\gamma}{\mathrm{dlg}a_i}$$

若溶液很稀，就可以浓度 c 代替 a，得到

$$\Gamma_2^{1)} = -\frac{c_2}{RT}\left(\frac{\mathrm{d}\gamma}{\mathrm{d}c_2}\right)_T$$

此即为著名的 Gibbs 公式。

在 Gibbs 公式中，主要由体相浓度、表面相浓度和表面张力三个物理量组成。实际就是表面张力曲线上对应点切线的斜率。因此，就可以通过 Gibbs 公式由体相浓度（宏观量）得知界面的重要性质——表面浓度（界面量），从而避免了纷繁复杂的界面性质测量。不仅如此，Gibbs 还对公式进行了进一步的剖析：由于表面浓度是一个二维浓度（单位为 $\mathrm{mol/m^2}$），因此根据基本定义就可以得出界面分子在界面相中平均占有（控制）的面积 $A = 1/\Gamma N_A$（N_A 为阿伏伽德罗常数），从而惊人地由体相性质结合表面张力得到了界面分子的排列信息（微观量）！对此，Gibbs 曾经骄傲地声称：“给我一把尺子（测量表面张力曲线对应点的切线斜率），我就可以量分子（得出表面分子的平均占有面积）！”

Gibbs 公式的最重要应用是在溶液体系，然而其公式推导的过程中没有对涉及的

相进行任何近似或者针对性边界条件，因此是普遍适用于气/液、固/气、液/液、固/液等所有表面的公式。从而成为胶体与界面化学研究中的重要工具，也是科学研究中为数不多的联系宏观量与微观量的伟大结果之一。

Gibbs 公式的推导过程十分简单，但是认真分析就可以看到，如果没有 Gibbs 的假设，公式是无法得出清晰、简洁的最终结果的，物理意义也就十分模糊。因此，我们不能不感叹 Gibbs 在如此复杂问题上处理方法的巧妙。实际上当时了解的与表面相关的物理量只有表面张力，也就是说 Gibbs 利用手上唯一的一张牌，通过自己深邃的思维，巧妙地通过一个似乎是对真实世界扭曲（当然随后再进行复原）的假设，大大简化了对相关问题的处理，得到了物理意义清晰、明了，实际运用十分方便、简单的重要界面吸附公式。同时也使得我们对科学研究中如何建立一个合理的模型有了更为深刻的理解：是建立一个对应物理图像清晰、简洁的模型（很好理解，如 Guggenheim 模型），但是在具体应用时需要较为繁复的运算呢（这可是要经常面临的困难）；还是建立一个需要较大力气去理解的模型（只需理解一次），但是每次运用时都可以相对简单地获得结果呢？

然而，Gibbs 的模型理解上的难度还是影响了公式提出后初期的应用。因为当时人们对于液体的表面浓度难以测量，自然对这个较为怪异、难懂的模型心生疑虑。直到 1932 年，另一位胶体和界面化学领域的科学家 McBain 和他的学生精心设计了"刮皮实验"，才得以验证 Gibbs 公式的正确性。他

们用刀片以 11 m/s 刮下 0.1 mm 厚度的薄层液体，求算溶质的吸附量，并和 Gibbs 公式计算的结果进行比较。在当时的实验精度情况下，实测结果与根据 Gibbs 公式计算的结果非常吻合。1933 年 Guggenheim 将两人的模型相结合，在理论上也证明并进一步诠释了 Gibbs 公式的内在本质：在 Gibbs 界面划分的前提下，所得到的吸附量 $\Gamma_2^{1)}$ 就是单位面积表面相中所含有的溶质量 Γ_2 与单位面积表面相中所含有溶剂在溶液内部所拥有的溶质量 Γ_1 之差。

既然 Gibbs 公式得到的吸附量是一个相对量，那么，应用相关结果去计算界面相分子的平均占有面积是有一定误差的（可通过相应校正解决）。但是实际上对于界面化学研究的主体体系差距很小。这是由于主要的表面活性物质特别是表面活性剂在界面的饱和吸附量 $\Gamma_2^{1)}$ 非常大，一般可以达到 10^6 mol/m^2。因此，利用 Gibbs 公式直接求算的结果基本不用再作相干校正。那么，表面活性物质是怎么定义的？表面活性剂又是怎样的一类物质，受到如此的关注和应用，以至于享有"工业味精"的美誉呢？

七、神通广大的表面活性剂

若是一种物质（甲）能显著降低另一种物质（乙）的表面活力，就称甲对乙有表面活性。通常所说的某物质具有表面活性，实际上是指对水有表面活性的简略说法。表面活性和表面活性剂的定义来自于其表面张力曲线的特点。图 4 为水溶液中典型的三类表面张力曲线。第一类（曲线 A）的特点为表面张力随溶质浓度增加而缓慢升高，且

近于直线。属于这一类型的物质有简单结构的无机盐(如NaCl)和一些多羟基有机物(如甘油、蔗糖)。第二类(曲线B)的表面张力随溶质浓度增加而下降,通常开始降低得快一些,后来慢一些,主要是一些低相对分子质量的极性有机物,如:醇、醛、酸、酯、胺及其衍生物。第三类(曲线C)的特点则是表面张力在浓度低时急剧下降,至一定浓度时(后),表面张力几乎不再变化。属于这一类的物质即表面活性剂。而具有B、C类曲线特点的物质都被称为表面活性物质。数学的表达就是其表面张力曲线的 $d\gamma/dc$ 具有小于零的特点。其绝对值越大,表面活性越高。根据Gibbs公式,我们可以知道,此时表面的吸附量一定是大于零的,也就是说,此时一定是溶质在表面相上富集。表面活性越高,和体相溶质在溶剂中的分配相比,表面的富集程度越大。而表面活性剂的定义实际上也是根据其表面张力曲线的特点产生的,即:(1)在很低浓度(一般重量百分比1%以下)可以显著降低溶剂的表(界)面张力,改变体系的界面组成与结构。(2)在一定浓度以上时,可形成分子有序组合体。

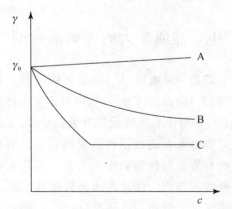

图4 水溶液中的三类典型表面张力曲线

表面活性剂的分子结构特点是具有不对称性。整个分子可分为两部分,一部分是亲油的非极性基团,称为疏水基或亲油基;另一部分是极性基团,称为亲水基。因此,表面活性剂分子就具有亲水和亲油的两亲特性,又可称为两亲分子。例如,肥皂的主要成分脂肪酸盐就是人类较早使用的表面活性剂,它的疏水基是碳氢链,亲水基是羧基。但并不是所有具有两亲结构的分子都是表面活性剂,例如,甲酸、乙酸、丙酸、丁酸等都具有两亲结构,但并不是表面活性剂,而只是具有表面活性而已。只有分子中疏水基足够大的两亲分子才可以显示表面活性剂的特性,一般疏水基越大,溶油的能力愈强。一般来说,对于正构烷基(即直链的烷基化合物);疏水的碳链长度要≥8个碳。但如果疏水基太大,表面活性剂实际的溶解度太小,在应用上也受到一定的限制,一般直链的表面活性碳链长度在8～20个碳原子左右。近年来,大量新型表面活性剂的不断合成问世,使得具有更长碳链的表面活性剂同时具有很好的溶水性。因此20个碳链长度其实仅仅是经典表面活性剂的上限,很多新型表面活性剂已经不再受相关的局限,如具有双极性头基的bola型和由经典表面活性剂单体在头基附近通过化学键连接的孪连或多聚的Gemini型表面活性剂。由于多数表面活性剂的疏水基呈长链状,故习惯上形象地把疏水基叫做"尾巴",亲水基叫做"头"。一般经典表面活性剂的分子结构如图5所示。

图5 表面活性剂的结构示意图

表面活性剂具有许多新奇、独特的性质与功能,特别是在洗涤、日化、食品加工、石油开采、矿物浮选等实际领域的广泛应用受到人们的高度重视。由于表面活性剂实际使用时用量很少(一般单一表面活性剂在体系的重量百分比小于 1% 时就可发挥决定性的作用,而一些复合表面活性剂甚至可以在千分之一与万分之一浓度时就能体现显著的功效),但往往对实际体系的性能起到明显促进作用,因而博得了"工业味精"的美誉。然而,由于不同行业人员出发点和考虑问题的角度不同,往往给予其不同的称谓。从事基础研究的科学工作者称之为表面活性剂;而企业的研发人员从各自行业的角度出发,喜爱用它在相关领域表现的实际功效来命名。例如,因其高效的乳化功能而被称为乳化剂,因良好的分散稳定效果被称为分散剂,在石油战线称之为驱油剂,在洗涤行业会称之为洗涤剂,食品加工业称之为食品添加剂。而在这些不同"绰号"之间实际上是一类用途广泛但化学结构具有共同本质的两亲分子。表面活性剂的另一大特点就是,往往与一些添加剂(包括其他表面活性物质或非表面活性物质)复配使用可获得更为低廉的成本和相对甚至绝对的优良性能。因此,以上提及的乳化剂、驱油剂、洗涤剂、食品添加剂在实际使用时往往是其他物质按一定比例掺杂的混合体系的统称。由于上述称谓和使用习惯上的原因,使得人们在承认表面活性剂巨大功效的同时,却对其本质的认识存在着许多疑惑甚至混乱。

从表面活性剂的应用功能出发,可将表面活性剂分为乳化剂、洗涤剂、润湿剂、分散剂、铺展剂、渗透剂、加溶剂(溶油剂),等等。也可以按照它的溶解特性分为水溶性表面活性剂和油溶性表面活性剂。这些分类方法只能为某一种应用的目的提供方便,不能说明某种表面活性剂是否可能有别的用途。在表面活性剂科学中广泛采用的是按照它的化学结构来分类。根据表面活性剂亲水部分在水中的电离程度,可以分为离子型和非离子型表面活性剂。离子型根据疏水部分电离携带的电荷符号又可分为阳离子、阴离子和两性离子型表面活性剂。下面举例说明这四种主要类型的表面活性剂。

(1)阴离子型(anionic surfactant):具有带负电的极性基,主要有羧酸盐($RCOO^- M^+$)、磺酸盐($RSO_3^- M^+$)、硫酸盐($ROSO_3^- M^+$)、磷酸盐($ROPO_3^- M^+$)等。其中烷基芳基磺酸盐就是洗衣粉的主要成分。硫酸盐可被用于牙膏中以提高产品性能。

(2)阳离子型(cationic surfactant):具有带正电的极性基,主要有季铵盐、烷基吡啶盐等,分子结构示意图如图6。这类表面活性剂的特点是具有较强的杀菌功效。另一特点是易吸附于一般固体表面(固体表面基本为带负电),从而可以有效地改变固体性质,故常用做柔软剂、抗静电剂。

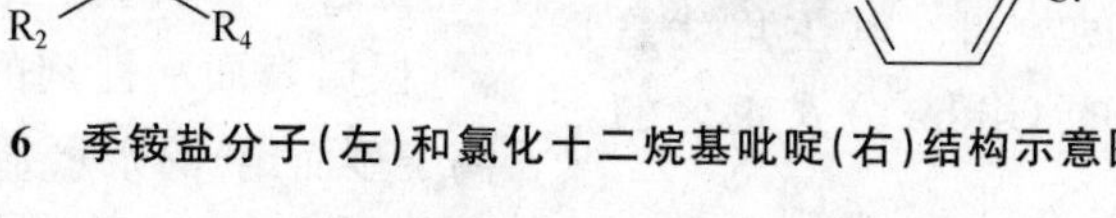

图6 季铵盐分子(左)和氯化十二烷基吡啶(右)结构示意图

（3）非离子型（nonionic surfactant）：它的极性基不带电，主要有脂肪醇聚氧乙烯醚类化合物（$RO(C_2H_4O)_nH$），以及多元醇类化合物（如山梨糖醇、蔗糖、甘油、乙二醇等的衍生物）。这类物质特别是后一类物质往往具有很低的起泡性，而且无毒、无异味，在食品、医药业中发挥很大的作用。非离子型表面活性剂另一优点就是在水中不电离，因此受其他金属离子（如水中常见的钙、镁离子）影响较小，而且原则上性能不受 pH（即酸度）的影响。缺点是价格一般比离子型的要贵，而且很多是液态或浆态，在某些领域的使用会有些不大方便。

（4）两性型（amphoteric surfactant）：此类表面活性剂分子中带有两个亲水基团，一个带正电，一个带负电。胺基丙酸、咪唑啉、甜菜碱、牛磺酸是四类主要的两性型表面活性剂。它们在具有一般表面活性剂的性能的同时，因化学结构不同还会分别具有强化营养、调解口感的效果。这是实际工作中在使用相关表面活性剂时，可以考虑用来提高相关产品特性的一些因素。

除了经典的碳氢表面活性剂外，实际上还有以碳氟链为疏水基的氟表面活性剂和硅氧链为疏水基的硅表面活性剂。这些特种表面活性剂很多在性能上是非常突出的，但价格相对昂贵（但使用量较少！）。

实际上，表面活性剂之所以具有如此广泛的用途，很大程度上是由于它可以在特定浓度以上时形成有序的分子聚集体。然而，人类认识两亲分子有序组合体的过程中还有一段令人啼笑皆非的故事。其主角就是用"刮皮实验"为伟大的 Gibbs 公式正名的 McBain。

八、麦克拜恩（McBain）与两亲分子有序组合体的世界

1912 年 McBain 在研究羧酸盐与 NaCl 溶液差异的时候，发现表面活性剂的很多溶液特性如表面张力、电导、起泡性、渗透压等性质随浓度的曲线都会在某一特定浓度区域发生明显的特异性突变。由于这些性质一般都要遵循简单的依数性原则（即，相关性质的量与质点浓度存在比例关系），从这些违反简单依数性的结果，McBain 推断这时候在溶液中体系的相关粒子发生了聚集，并由此提出了胶团假说：即表面活性剂在溶液中（超过一定浓度时）会从单体（单个或分子）缔合成为胶态聚集物，即形成胶束（亦称胶团），此一定浓度称为临界胶团浓度（cmc）。然而 1925 年，当 McBain 在伦敦的一个学术会议上，提出肥皂类物质的溶液含有导电的胶体电解质，可以自发聚集而且是严格的热力学稳定体系时，当时会议主席（权威）竟然以"Nonsense! McBain"无理言辞代替了问题的讨论。然而客观事实是不会被什么权威武断的看法抹杀的，自从 McBain 提出胶团概念以来，近百年的研究使得人们对介观世界的认识逐渐深入，McBain 的观点逐渐被大量的实验证据所证实，并受到人们的普遍承认。胶团是由许多表面活性剂单个分子或离子缔合而成已是不争的事实。

胶团的结构是由表面活性剂分子或离子（根据表面活性剂的类型是非离子型或者离子型而定）的亲水基团朝外，疏水部分朝内组成的有序结构。典型的胶团结构见图 7。

胶团的大小尺寸一般为 $1\sim100$ nm,其形态也不尽相同。常见的变化趋势是随浓度的增大,胶团的形状由球状→椭球、扁球状→棒状→层状。一般 10 倍 cmc 浓度附近或更高时,趋于不对称胶团。一个胶团所拥有的表面活性剂分子(离子)的平均数称为胶团的聚集数,是胶团的一个重要参数。

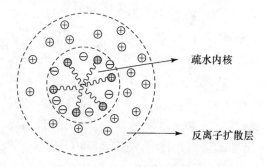

图 7　典型的胶团结构示意图

胶团形成的原因缘于表面活性剂的疏水效应。由于表面活性剂分子有相当大的亲油(疏水)部分,而疏水基团不具有与溶剂水分子形成氢键的能力,导致其存在于水溶液中隔断了周围水分子原有的氢键结构。从而使得体系的能量升高,因此具有自水中逃逸的趋势,于是易在表面发生吸附(由此造成了溶液表面力场的变化,这就是表面张力降低的原因)。当吸附达到饱和后,即表面已被定向的表面活性剂分子占满(再也容纳不下更多的分子),此时表面活性剂分子将以另外一种方式使体系能量最低,即:在水中缔合而形成分子有序组合体。胶团只是其中重要的一种。

对胶团的认识以及随之产生的胶团的广泛应用对人类的生产、生活甚至文明程度都产生了重要的影响。由于胶团的特殊结构,从其内核到极性基层提供了从非极性到极性环境的全过渡。与社会现象中的"物以类聚,人以群分"类似,物质的溶解也遵从"相似相溶"的规律,即物质的溶解性要求溶剂具有适宜的极性。因此,各类极性和非极性有机溶质在胶团溶液中都可以找到适合的环境而存身其中。表面活性剂的存在能使不溶或微溶于水的有机化合物的溶解度显著增加的现象,称做表面活性剂的加溶作用。表面活性剂的加溶作用使得油、水这两个平时以分相形式存在的成分可以在一个体系中"和睦相处"(均匀分散),满足了人们的日常生活和很多工业应用方面的重要需求,因而在多个领域中发挥了举足轻重的作用。其中很多应用已经被人们所熟知和熟识,比如在日用化学工业中的洗涤功效、石油开采中的三次采油技术、工业催化界中的油水两相催化以及分析技术中的增敏辅助技术,但未必了解实际上是表面活性剂的胶团在发挥作用。

看到胶团目前在基础研究和实际应用中的重要价值,再回想起当年 McBain 受到的不合理待遇,相信很多人都有着特殊的感慨(也许也会有人更深刻地理解 McBain 致力于证明 Gibbs 公式的"刮皮实验"的个中滋味了,因为他对于科学研究中的公正性有着刻骨铭心的个人感受)。那么,为什么当初胶团假说会被某些权威如此粗暴、武断地否定呢?这里抛开一些人为的主观因素外,也有人类认识误区的一些影响。在当时的实验条件下,胶团形成过程的焓变(热量变化)几乎测量不到,也就是说,对应过程的焓变基本为零。同时由无序的自由分子聚集成有序的胶团结构明显是一个混乱度减少的过程,而一般认为混乱度是对应着另外一个重要的热力学参数——熵,因此这个过程的熵变应该是小于零的。根据热力学的基本公式,Gibbs自由能变化一定是大于零的,因此根据经典热力学定律这不可能是一个热力学自发的过程。所以,对于斥责McBain为"胡说"的行为也不能简单地看做是人为地压制学术上的新发现和新观点。实际上,这里问题的关键是忽视了作为溶液主体水的结构变化。在表面活性剂没有形成胶团之前,会诱导周围的水分子(不同于溶液中其他水分子)形成一些高度有序的结构(冰山结构)。当表面活性剂分子形成胶团后,冰山结构也自然解体。因此一方面因表面活性剂缔合会造成体系的熵减少,而冰山结构解体又会造成熵增加,从而在净结果上为熵增加。这可以用"黑社会"的例子来说明:黑社会其实有时候也是有着严格的组织形式(具有较高的有序性),但是黑社会的成员都有着自己的家庭。当这些人成为黑社会成员的时候,由此给家庭带来的破坏和相关影响会使得整个社会的有序性大大降低。

胶团是人类最早认识的一类两亲分子有序组合体,并且在应用于大量的实际领域中受到了人们广泛的认同。而这只是人类探索两亲分子有序组合体这个神奇而丰富的世界的序幕。1928年,美国工程师Rodawald在研究皮革上光剂的时候意外得到了一种"透明的乳状液"。但随后人们意识到这一类乳状液(由表面活性剂、油、水以及一些助剂构成)与一般的乳状液似乎有着本质的不同。1943年Hoar和Schulman第一个开展了微乳研究。发现:这一类外观均匀透明或略带乳光、流动性好的体系实际上是具有热力学稳定性的(而一般的乳状液都是热力学不稳定的,随着放置时间的延长,必然会出现不同形式的油水分离)。1959年由Schulman提出了"微乳(microemulsion)"这一名称,并被普遍接受。

微乳主要有两种基本类型,水包油型(O/W)和油包水型(W/O)。顾名思义,前者是油(少量)分散在大量水中,而后者是水分散在大量的油中。实际上还有一种油水比例比较接近的微乳,一般称做双连续相,也叫微乳中相。随着微乳研究的深入和发展,其应用也从早期的如皮革上光剂、干洗(全能清洁剂:利用W/O型和O/W型)等方面扩展到很多领域。由于体系是均匀透明的,因此利用微乳技术制备化妆品不仅外观精美,而且易于透皮吸收。另外,作为一种化学反应的介质,它可以使得反应易于在油/水界面发生,同时避免一些复杂的热影响因素。在蛋白质分离和酶反应上也有重要的应用。而作为一种微反应器,它有很好的模板功能,在纳米材料的制备方面发挥了重要的作用。微乳作为药物载体也具有很多优势,它可以将油溶、水溶两大类药物集于一剂同时使用,在方便的同时也提高了药效。

另一类重要的两亲分子有序组合体则是囊泡(脂质体)。它是由多个两亲分子采用定向单层尾对尾地结合成封闭双层所构成的外壳,和壳内包藏的内水相所组成的(见图8)。它可以只有一个单室,也可以是多个单室组成多室囊泡。最初的工作是,1959年Stoeckenius发现一些磷脂在水中可以溶涨形成一些多室的结构。1965 年，Bangham 证明了它具有双分子层结构，并可以将一些离子捕集在其内部的水相中。从而被认为是囊泡研究中第一个里程碑式的工作。由于囊泡的结构和细胞非常相似，因此引发了人们极大的热忱开展相关的研究工作，去探讨和了解生命过程的相关现象和机制。特别是 1972 年 Singer 和 Nicolson 提出了生物膜的双分子层模型后，囊泡被普遍认为是研究细胞膜的最佳模拟体系，受到了科学家们更大的关注。当时的研究对象主要是一些磷脂及其衍生物，这些物质只在生物体中存在，因此曾经普遍地认为只有生物体的物质才能形成类似的有序结构，也由此产生了相应的名称——脂质体。1977 年 T. Kunitake 突破了传统的看法，利用化学合成的物质同样得到了相同的有序结构。指明了形成囊泡的关键在于分子的特定化学结构，而并非必须由生物体中拥有的物质来组成。这是囊泡研究中第二个里程碑式的工作。其相关工作促进产生了一个新的交叉学科——膜模拟化学，也产生了囊泡这个新的名称，以区别于由磷脂构成的类似结构。后来人们发现，这种区别实际上没有什么科学上的本质差异，而仅仅是习惯上的不同。一般生物、医学领域的相关人士更偏爱脂质体的说法，而化学工作者更喜好囊泡这个称谓。Kunitake 还对可能形成囊泡的分子结构进行了认真的分析，指出具有单极性头基但拥有两条或者更多的疏水链结构的双烃链表面活性剂分子更容易形成囊泡，而单头单链的两亲分子则至少要拥有两个或以上的刚性结构才能满足相关要求。1989 年美国科学家 E. W. kaler 在 Kunitake 结果的基础上做出了第三个里程碑式的工作。他巧妙地利用正负离子表面活性剂在水溶液中的静电吸引作用，用简单结构的单链离子型表面活性剂制备了囊泡。由于正负电荷的吸引，两个异电荷的表面活性剂离子会结合，而在结构上类似于单头双链的结构。（可以考虑电影院中恋人亲密相拥头靠头的"构象"来理解。）

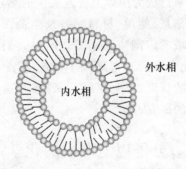

图 8　经典的单室囊泡(左)和多室囊泡(右)

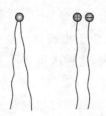

**图 9　两类囊泡体系示意图——双烃链
表面活性剂和正负离子表面活性剂**

常见的囊泡一般为球形，半径则主要在
30～100 nm，也有大于 100 nm 的。形状除
球形外，还有扁球、椭球形、管状等多种，除
了在了解生命现象中的重要意义外，在蛋白
质分离、微反应器，特别是作为药物载体（无
毒，缓释导向，克服排异作用）在药物输运方
面都有着重要的应用价值。

目前科学家们已经发现了多种多样的
两亲分子有序结构，除了这里提到的胶团、
微乳、囊泡、LB 膜外，还有液晶等很多形式
的两亲分子有序组合体。这些分子聚集体
构成了一个充满魅力的世界并且在材料科
学、生命科学、药物学乃至信息科学等领域
都有重要应用。

近年来在两亲分子有序组合体体系的
基础与应用研究方面，国际上相继报道了大
量新颖、有趣的结果，发现了两亲分子有序
组合体体系的许多新奇性质与现象。如：两
亲分子有序聚集产生的奇特而复杂的相行
为（如表面活性剂稀水溶液中的双水相）、流
变特性（非牛顿型、负触变性、黏弹性等现
象）、化学反应性（独特的光化学特性、电化
学特性、催化功能、特种反应介质功能等），
以及由此产生的生物模拟功能（人工酶促反
应、生物矿化等）。表面活性剂的特异相行
为可在生物活性物质及与环境保护和化工
生产密切相关的分离和纯化问题上有所作

为，而两亲分子有序组合体（如胶束、囊泡）
的再聚集体系有可能在具有优异光学、电学
或力学特性的超晶格材料的制备中发挥重
要作用。另外，也发现了无机物与两亲分子
共组合形成的硅致液晶、柱状囊泡等新形式
的分子有序组合体。1992 年液晶模板与无
机物种的协同作用合成了通道为 1.5～10
nm 的中孔分子筛，在国际上引起了很大震
动。因为这意味着，从此可以在纳米尺度上
给无机材料添加花样。目前利用分子有序
组合体系，材料科学家已经合成了多种管状
材料、球壳材料、螺旋结构材料等用普通化
学方法无法合成的具有复杂形态的特定材
料。具有特定结构的两亲性高分子和树枝
状高分子的成功合成则为如何构筑具有高
级结构的分子聚集体提供了另一种可能。
这种特殊高分子靠分子间的识别、与金属离
子的相互作用或氢键作用等自组为棒状、片
状和球状等高级结构，进而作为一类新型功
能材料在分离、催化、光电及医学等方面具
有潜在的特殊用途。

随着科学研究的发展，各类分子有序组
合体系已成为国际上普遍关注的热点，显示
了在信息、能源、材料制备及生命医药等科
学领域的广阔应用前景。同时人们也意识
到，化学家们不再局限于传统的原子、分子
水平的研究，而上升到了一个新的分子以上
层次的研究。

九、分子以上层次的化学——元素周期律后新的学术生长点

回顾近两个世纪以来化学的历程，元素
周期律发现后化学取得了突飞猛进、如日中

天的发展。不仅认识了自然界存在的千奇百异的天然化合物,而且合成了无数自然界没有的新物质,满足了人类的多种需要。这是值得化学家为之感到骄傲和自豪的。但是,现代科学正以惊人的速度进展并推动社会和人类文明的进步。生物学从物种深入到细胞和蛋白质分子,物理学从物体和微粒子研究走向介观层次。人们现在已经认识到,决定物质和材料性能的不仅是构成系统的分子的理化性质,还要看分子怎样结合成材质。在许多情况下,包括生物和非生物实体中,分子并非乌合之众,它们以不同方式组织成分子聚集体,这些分子聚集体是生命物质和许多非生命物质的基本构件并赋予这些物质独特的物理化学性能,乃至生命功能。它涉及生命科学、材料科学以及环境科学所关心的许多系统。但是,长期以来化学家的活动范围界定在原子到分子之间,分子以上层次的化学研究长期被忽略。因此,虽然多分子多层次的有序组合体系构成了从微粒子到高等生物这个人类赖以生存的物质链中不可或缺的一环,但却是人类认识中较为薄弱的环节。

分子以上层次的化学是以通过分子间相互作用形成的高级有序结构为对象,研究其形成、结构和性能的科学,是研究连接微观分子世界与宏观复杂体系之间多分子多层次有序组合体的科学。它与介观物理学、细胞生物学相邻相聚。介观物理学家研究处于介观状态物质的物理性质和原理,分子以上层次化学研究由分子到分子有序组合体的自组作用和分子有序组合体的再聚集作用,以及以不同层次的分子聚集体形式存在的物质结构、性质与转化。与化学家由下往上的研究方式不同,生物学家是从上往下由整体生物到细胞,再到分子聚集体。生物学家着重研究其中的生命活动,化学家的重点则在于它的形成、结构、理化性质与功能。同时,材料科学所面临的一个最大挑战就是如何构筑功能性复合材料,多年来设法用物理的方法进行尝试,但一直未达到天然材料的高性能,其根本原因在于天然材料具有的高级结构是通过多重化学作用形成的有机整体;缺少分子以上层次的化学研究便难以设计、构成材料的基本单元和达到其特定功能,更难以揭示其形成的内在规律。其他高新技术领域如信息、能源、环境等科学,也都涉及大量分子以上层次的化学问题。因此,分子以上层次化学是一个化学等领域科学家们可以充分施展才华、发挥重要作用的领域,并将成为化学研究的重要学术生长点。正如我国著名的化学家王夔在《新层次化学》一文中指出的:只要从分子-原子层次上升到分子以上层次,就会有一种天外有天、豁然开朗的感觉,会发现几乎任何一个化学分支都可以找到它能够发挥而且不可缺少的作用。发展分子以上层次化学已经成为化学学科发展的大势所趋和必然要求。

分子有序组合体系是应用广泛并具有重要理论意义的分子以上层次结构。此类结构自 McBain 首次揭示以来,不断发展,成为化学乃至科学园地中的一株奇葩。人们已经认识到这是一类多重意义上的复杂体系:不仅具有复杂的组成、复杂的分子间相互作用、复杂的结构、不同一般的物理化学性质,也具有广泛的应用功能。由两亲分子排列而成的各类有序组合体是各种生物膜的最佳模拟体系,对它们的研究涉及生命的起源和奥秘,已经导致了免疫学、医学、药学的一系列革命,并在生命科学、材料科学及其他高新技术中起着十分重要的作用。鉴于其特异功能与良好的应用前景,分子有序组合体系不仅引起了化学家和生物学家的极大兴趣,而且作为一种"复杂流体(complex fluid)"也引起了物理学界的极大关注,已成为当前热门的凝聚态物理中倾注极高热情的领域。诺贝尔物理学奖得主 de Gennes 在其获诺贝尔奖的研究中首选的"软物质",就是两亲分子有序组合体系。

尽管在此领域中还有许多重要问题亟待认识和掌握,例如:推动各级聚集结构形成的分子间相互作用的本质,各级聚集体结构对分子结构的依赖关系,各级结构的形成、识别、破坏、再造、修复的机制和规律都还处于朦胧状态,但随着基础研究的开展和深入,人们渴望在这一领域由必然王国逐步上升到自由王国。如何能动地调控(active control)两亲分子有序组合体的形成、转化、破坏、修复,就成为推动各类分子有序组合体系在信息、能源、材料制备及生命、医药等科学领域方面广泛应用的关键问题。深入了解分子有序组合体系的内在规律,及其对化学反应调控的本质,必然对化学、生命科学、材料科学等领域基本问题的深入认识和相关高新技术的快速发展具有重要的推动作用。

十、结 束 语

胶体与界面化学发展的历史悠久漫长,才疏学浅的本人在有限的篇幅内肯定难以淋漓尽致地描述其中的名人轶事,也不可避免地会挂一漏万,有所偏颇。然而从这些相关事件和故事之中,已经可以促使我们产生很多对科学乃至人生的思考。在享受大师们超人的智慧带给我们的启迪之余,也使得我们充分感受到了这门科学自身的魅力,并将对未来化学的发展充满信心。

参 考 文 献

[1] Hoffmann H. Ber Bunsenges Phys Chem, 1994, 98: 1433.

[2] 周嘉华, 倪莉. 诺贝尔奖百年鉴: 世纪中兴——无机物与胶体[M]. 上海: 上海科技教育出版社, 2002.

[3] Stupp S I, et al. Science, 1997, 276: 384.

[4] Fendler J H. Membrane Mimetic Chemistry [M]. John Wiley & Sons, 1994.

[5] de Gennes P-G. Angew Chem, Int Ed Eng, 1992, 31: 842.

[6] Hoffmann H. Adv Mater, 1994, 6: 116.

[7] 赵国玺. 物理化学学报, 1992, 8: 136.

[8] 赵国玺. 物理化学学报, 1997, 13: 966.

[9] 王夔. 化学通讯, 1997, 4: 1.

[10] Mann S, Ozin G A. Nature, 1996, 382: 133.

从巴斯德的酒石酸到不对称催化

王剑波

一、手性和手性分子的概念

历史镜头一：1848 年,26 岁的法国青年巴斯德(Louis Pasteur, 1822—1895)大学毕业后为了学习结晶学,对酒石酸及其盐的重结晶进行研究,在意外中第一次将光学活性的部分从没有光学活性的物质中分离出来。

历史镜头二：20 世纪 50 年代中期德国推出一种名叫"沙利度胺"的药(在中国叫"反应停"),很快受到孕妇的青睐。但是不久就发现服用此药的孕妇生出的婴儿出现畸形：一种罕见的无肢畸形和短肢畸形婴儿的出生迅速增多。全世界约有 1.2 万名儿童是因"反应停"而致畸的。

历史镜头三：2001 年度诺贝尔化学奖授予两位美国化学家夏普雷斯教授(Barry K. Sharpless, 1941—)和诺尔斯博士(William S. Knowles, 1917—),以及一位日本化学家野依良治教授(Ryoji Noyori, 1938—),以表彰他们运用不对称催化的方法合成手性化合物的研究。

上述三个似乎不相关联的重要事件所围绕的其实是有机化学中一个非常基本的概念：手性以及手性分子。手性的英文叫做 Chirality,它表示物体与其镜像体不能够完全重叠的性质。就如同我们的左手和右手,两者互为镜像,但是不能完全重叠。手性是自然界一种普遍的现象,在我们的身边随处可见,例如图 1 中的这些物体。不对称的物体其镜像和实物是不能够重叠的,因此,手性和不对称这两个概念密切相关。在生物界,手性同样是普遍的现象。如果我们细心观察会发现,葡萄园里蜗牛的壳的螺纹都是朝着右旋的方向生长,只有极个别是朝左旋的方向生长,两者的比例大约是 20000：1。另外,蔓生植物向上盘绕也以右旋占绝大多数(图 1)。

进一步进入微观世界,我们会发现手性也是普遍的现象。DNA 的双螺旋结构总是右旋的,多糖以及蛋白质的结构也是手性的。最终我们会发现,构成这些生物大分子的有机小分子也是手性的：构成生命基础的 20 种氨基酸中有 19 种是具有手性的,糖也是手性的。因此,可以认为我们是生活在一个手性的世界中,包括我们自身(想想我们和自己的镜像能够完全重叠吗?)以及构成我们的物质(氨基酸、蛋白质、DNA、糖等)也是手性的。

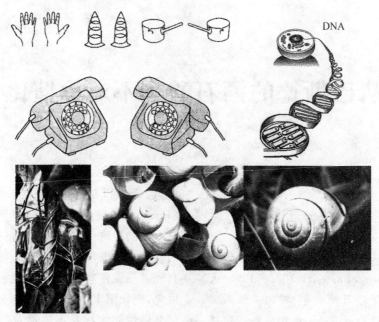

图1 我们生活在手性的世界中

分子手性的概念是如此普遍和重要,有必要来回顾一下分子手性这个概念发展的历史。其实,人们对手性的认识经历了漫长的过程。1808年,法国物理学家马吕斯(Etienne Louis Malus,1775—1812)通过方解石晶体的研究发现了偏振光现象,并发现单色光经过某些晶体可以产生偏振光。人们还发现,将对称的晶体切成互为半面像的两半后,可以分别使得偏振光左旋或者右旋。互为半面像的晶体具有镜像关系,称为镜像异构体或光学异构体,英文为Enantiomer(源自希腊语enantios,"相反"的意思),表示具有类似左手和右手的关系的一对异构体。

接着在1815年法国物理学家比奥(Japtiste Biot,1774—1862)发现一些天然有机物的溶液也可使偏振光扭转,并且发现这是溶于其中的有机物的固有特性。能够使得偏振光扭转的物质称为光学活性物质。此后,化学家们为寻找具有这种所谓光学活性的新物质进行了研究。结果发现,完全由人工合成的化合物全部是非光学活性的,而从动植物中得到的化合物有相当一部分是具有光学活性的。因此当时认为,能够使得偏振光扭转是生命分子才具有的特性。当然,今天看来这种观点并不正确,人工也可以合成出具有光学活性的分子。

酒石酸是当时研究得比较多的一种具有光学活性的天然有机化合物,这当然和法国悠久的葡萄酒酿造历史是分不开的。在研究葡萄酒酿造过程中人们得到两种具有相同分子式的酸,其中一种的溶液可以使偏振光扭转,称为酒石酸,而另一种酸则不能使偏振光扭转,称为葡萄酸,但对于两者之间的关系并没有作深入的研究(图2)。

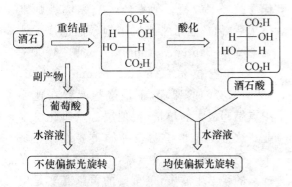

酒石酸和葡萄酸具有相同的分子式: $C_4H_6O_6$

图 2　酒石酸的重结晶实验

　　1848 年,26 岁的巴斯德从巴黎大学毕业后为了学习结晶学,对酒石酸及其盐的重结晶进行了仔细的研究。发现在一定条件下,酒石酸盐的结晶只向一个方向生长,对于 19 种不同的酒石酸盐进行研究的结果均得到了向一个方向生长的结晶。为了比较,巴斯德又对前面所提到的不能使偏振光扭

转的葡萄酸的盐进行重结晶研究,发现葡萄酸的钠铵盐的晶体也会向一个方向生长。所不同的是,这时晶体有时是向左生长,有时则向右生长,而酒石酸盐的结晶只向一个方向生长。巴斯德使用镊子,不辞辛苦地把这些结晶分为两堆,然后把它们分开溶解,分别测其旋光。这时他惊奇地发现,两种溶液均可使偏振光扭转,前者使偏振光向左,而后者使偏振光向右,并且扭转的角度完全相同。如果将两种晶体等量混合,则其溶液和结晶前的葡萄酸盐一样不能使偏振光扭转。将两种葡萄酸盐用酸处理得到游离的酸,发现其中之一和天然右旋性的酒石酸相同,称为 D-酒石酸[D 为 dextorotatory 的首字母,意为右旋性,或者称为正,($+$)]。而另一个则是一个未知物,除旋光的大小相同但方向恰好相反外,其他的物理化学性质完全相同,称为 L-酒石酸[L 为 levorotaory 的首字母,意为左旋性,或者称为负,($-$)](图 3)。

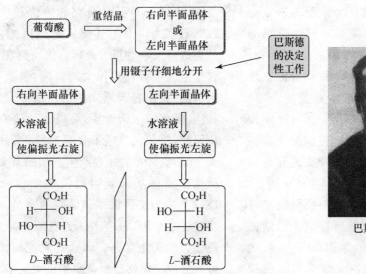

巴斯德 (Pasteur)

图 3　巴斯德的实验

在巴斯德以前的科学家其实也已经注意到酒石酸盐结晶时晶体生长方向的现象，但并没有进行深入探讨。当时著名的德国化学家米切利希（Eilhardt Mitscherlich，1794—1863）曾研究过同样的酒石酸盐晶体，并宣称它们完全相同。巴斯德当时只不过是一个 26 岁的无名小卒。然而，他还是发表了自己的发现，并在比奥面前重复自己分开结晶的工作。

巴斯德的这个实验第一次将光学活性的部分从没有光学活性的物质中分离出来，从而开启了人们认识分子手性的大门。要知道，在巴斯德进行这个实验的时候，有机化学的结构理论还没有形成，人们还不知道饱和碳原子的四面体结构，当然酒石酸的确切结构也不知道。巴斯德选择酒石酸盐进行重结晶研究可以说是非常幸运的，因为绝大多数左旋和右旋的等量混合物是不能用简单的重结晶的方法来分离的。事实上巴斯德实验以后，人们经过一个世纪的研究也只发现 9 例可以用和巴斯德一样的重结晶方法进行光学活性物质的分离的化合物。十年以后巴斯德还发现，一种植物霉菌在外消旋酸（即左旋酸和右旋酸的等量混合物）的结晶中成长时，总是消耗其中一种异构体，未被消耗的结晶就呈现出使偏振光旋转的性质。这第一次证明，在两种旋光异构体中，有生命的组织通常只消耗其中的一种。

巴斯德的发现是偶然的吗？我们或许可以从巴斯德的生平中得到答案。巴斯德的父亲是拿破仑军队的一名退伍军人，以鞣革为业。年青的巴斯德在大学学习时成绩并不十分出色。他喜欢绘画，数学不错，但化学的成绩一般，他当时的抱负是成为一个

优秀的美术教授。他靠给人当家庭教师维持生活，但还是常常半饥半饱。他选修了杜马（Jean Baptiste Andre Dumas，1800—1884）和巴拉尔（Antoine Jerome Balard，1802—1876）的课程，正是这些课程在他心中点燃起极大的热情，使他决心从事化学事业。这个例子也说明教师的重要性。杜马本人是位有成就的科学家，但是后人认为在杜马的科学生涯中，最重要的贡献其实是使巴斯德走上了应走的道路。随着巴斯德对研究兴趣的增长，他的成绩也稳步上升。在他完成学业之后的第一批研究报告中，就足以显示出他的真正优秀的才能。其报告就包括了前面所提到的关于酒石酸和有关的物质以及它们对平面偏振光的影响。1854年，巴斯德还刚刚三十岁出头，这个昔日平庸的学生竟成了里尔大学科学学部的主任。

巴斯德的发现当然有偶然的因素，但也有其必然。人们常说机会只照顾有准备的头脑，巴斯德对科学研究的热情和执著，细致的观察力以及不受前人思想束缚的天性是促成其发现的重要原因。巴斯德在其后的科学生涯中有许多伟大的贡献，包括巴斯德灭菌法（我们今天熟知的巴氏消毒）、牛痘接种法、疾病的细菌学说、免疫学的研究、传染病研究，等等。这些不仅是对科学研究的重要贡献，也对人类社会产生直接的重要影响。虽然巴斯德从未获得过医学学位，但他在1873 年成为法国医学科学院的会员，无论在当时还是今天，很多人认为巴斯德是历史上最伟大的医生之一。和这些成就相比，酒石酸拆分的工作就显得是小巫见大巫了。但是作为巴斯德从事科学研究的开始，这项工作无疑展示了他成为伟大科学家的非凡潜质。

巴斯德有关酒石酸的研究暗示了不对称性存在于分子本身之中。人们试图从结构上对这种现象进行解释。巴斯德和其他的化学家已认识到,如果分子的结构完全相同,但旋光性却不同,这只能从原子在空间的不同排列才能解释这种现象。1874年,荷兰科学家范霍夫(Jacobus Henricus Varrt Hoff, 1852—1911)和法国科学家列别尔(Joseph Achille Le Bel, 1847—1930)分别独立地提出立体构型的理论,对于前人有关旋光性的问题给予了完整的解释,这便是我们所熟悉的碳的四面体结构。

今天的有机化学基础理论告诉我们,具有相同原子组成的有机分子由于其原子连接方式的不同可以存在所谓的构造异构现象,包括碳骨架异构(碳骨架中原子结合的顺序不同而产生的异构)、官能基异构(官能基不同而形成的异构)、取代位置异构(取代基在碳链或环上位置不同)和互变异构(活泼氢可以改变在分子内的位置,且转化是可逆的)。这些异构造成互为异构体的化合物之间物理和化学性质的不同,甚至成为截然不同的化合物类型。例如乙醇和甲醚的分子式均为C_2H_6O,但它们是性质上差异很大的不同类型的化合物(图4)。

当有机分子的分子式和构造相同时,还存在着一种由于分子内原子在空间排布的位置不同而引起的异构,称为立体异构。它包括顺反异构(共价键旋转受阻而产生的原子在空间排布的位置不同)、构象异构(分子内单键旋转位置不同而产生的异构,可以通过单键的旋转而互相转化)以及旋光异构(分子内手性碳所连四个不同基团在空间排列的顺序不同)。其中旋光异构就是由于分子手性因素的不同所引起的异构现象。一般来说是由于手性碳原子的存在,即连有四个不同基团的饱和碳原子(sp^3杂化的碳原子,四面体结构),例如酒石酸以及乳酸中和羟基OH相连的碳原子。分子手性因素还包括轴手性等。有机分子的手性过去用L或D来命名,如酒石酸及乳酸(图5)。现在则更普遍地根据和手性碳相连的碳原子基团的大小序列按照一定的规则用R和S来命名。除了使得偏振光的扭转相反外,互为镜像的一对对映异构体的化学物理性质完全相同。但是由于空间取向的问题,当它们和另一手性分子作用,或者在手性的环境中(比如蛋白质的结合位点)时,其作用将会是不同的。对映异构体的$1:1$混合物称为外消旋体,由于抵消作用,这个混合物将不能使得偏振光扭转。将对映异构体混合物分离的过程称为拆分。由于对映异构体的化学物理性质完全相同,其分离必须借助外界的手性因素(巴斯德的重结晶分离是非常罕见的情况)。

碳架异构:	$CH_3CH_2CH_2CH_3$	$CH_3\overset{\overset{\displaystyle CH_3}{\vert}}{C}HCH_3$
	正丁烷	异丁烷
官能基异构:	CH_3CH_2OH	CH_3OCH_3
	乙醇	甲醚
取代位置异构:	$CH_3CH_2CH_2OH$	$CH_3\overset{\overset{\displaystyle OH}{\vert}}{C}HCH_3$
	正丙醇	异丙烷
互变异构:	$CH_2 = CHOH \rightleftharpoons CH_3CHO$	
	烯醇	醛

图4　构造异构体的分类

顺反异构：

构象异构：

旋光异构：

L-乳酸　　　　　　　D-乳酸

图 5　立体异构体的分类

二、为什么手性重要

我们看到，手性似乎是一个十分古老而又玄奥的基础科学问题，那么为什么今天人们还会对它如此感兴趣呢？这就又回到了本文开头的"历史镜头二"：反应停事件。反应停，又名沙利度胺（Thalidomide）。沙利度胺的结构如图 6 所示，该有机分子具有一个手性碳原子。20 世纪 50 年代中期，反应停作为镇静剂在欧洲以消旋体形式批准上市，用于孕妇早期反应的治疗，不久发现服用此药的孕妇生出的婴儿出现畸形。1961 年该药从市场上撤消，随后的研究发现，消旋体中（R）-反应停具有镇静作用，而它的对映体（S）-反应停是致畸的罪魁祸首。进一步的研究表明，原因出自代谢产物。（S）-反应停的二酰亚胺进行酶促水解，生成邻苯二甲酰亚胺基戊二酸，后者可渗入胎盘，干扰胎儿的谷氨酸类物质转变为叶酸的生化反应，从而干扰胎儿发育，造成畸胎。而 R-（+）-异构体不易与代谢水解的酶结合，不会产生相同的代谢产物（图 6）。

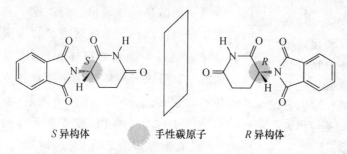

S 异构体　　　　　手性碳原子　　　　R 异构体

图 6　沙利度胺的结构和它造成的悲剧

这一惨痛的教训促使药审部门对手性药物立体异构体之间不同的药理和毒理作用开始重视。人们所使用的药物绝大多数具有手性，这些药物也被称为手性药物。手性药物的对映体在人体内的药理活性、代谢过程及毒性等存在着差异。通过最近二三十年的研究，人们发现手性药物与其对映体之间的药理活性差异可分为以下四大类：

第一类是手性药物与对映体之间有相同或相近的药理活性。如平喘药丙羟茶碱、抗组织胺药异丙嗪、抗心律失常药氟卡尼等。

第二类是手性药物具有显著的活性，而其对映体活性很低或无此活性。氯霉素消旋体中（R,R）-氯霉素有活性，而对映体（S,S）-氯霉素则无活性。普萘洛尔是一种肾上

腺素 β-阻滞剂,其手性药物(S)-普萘洛尔的活性是其对映体(R)-普萘洛尔的 100 倍以上。非甾体抗炎药萘普生、布洛芬也具有这种性质。

第三类是手性药物与其对映体的药理活性有差异,如抗癌药(S)-环磷酰胺的活性是(R)-环磷酰胺的 2 倍。

第四类是手性药物与其对映体具有不同的药理活性。如(2S,3R)-丙氧芬(右丙氧芬)是止痛剂,而(2R,3S)-丙氧芬(左丙氧芬)是镇咳药;L-多巴用于治疗帕金森症,而其对映体 D-多巴则具有严重的副作用。前面提到的反应停当然也属于这一类。

对手性药物除了要研究它与对映体药物的不同药理活性外,还要考虑它们在吸收、分布、代谢和排泄中的差异。有些手性药物在人体内生理条件下还可能发生构型反转。如(R)-反应停在人体内有一部分会发生构型反转,产生(S)-反应停;布洛芬在人体辅酶 A 的作用下,低活性的(R)-布洛芬能够转变成高活性的(S)-布洛芬。这些特性无疑增加了手性药物研究的复杂程度。

表 1　一些对映异构体具有不同药效的手性药物

手性药物名称	有效异构体	不良异构体
多巴(DOPA)	(S)-异构体,治疗帕金森症	(R)-异构体,严重副作用
青霉素胺(Pexicillamine)	(S)-异构体,治疗关节炎	(R)-异构体,致突变剂
氯胺酮(Ketamina)	(S)-异构体,麻醉剂	(R)-异构体,致幻剂
心得安(Propranol)	(S)-异构体,治疗心脏病	(R)-异构体,致性欲下降
乙胺丁醇(Ethambutol)	(S,S)-异构体,治疗结核病	(R,R)-异构体,致盲

此外,农药也存在类似的手性问题。例如有研究表明,精甲霜灵(metalaxyl-M)的 R 体较外消旋体具有更高的杀菌活性、更快的土壤降解速度等特点,有利于减少施药次数,具有较好的安全性以及环境相容性。对喹禾灵的作用方式研究表明,APP 和 CHD 类除草剂被植物吸收水解成酸后发挥除草活性,在作物的分生组织上起作用,但 S 和 R 对映体的活性显著不同,R 体的活性甚至比 S 体高 1000 多倍。目前大约有 25% 的农用化学品具有手性中心,而它们都以外消旋体的形式出售和使用,这给环境带来了不必要的污染。

鉴于这些情况,美国食品与药品管理局(FDA)在总结手性药物临床经验与教训的基础上,于 1992 年颁发了手性药物指导原则。新规定要求,所有在美国上市的消旋体类新药,生产者均需提供报告,说明手性药物中所含的对映体的药理、毒理和临床效果。在香料、食品添加剂、农药等方面同样存在手性的要求。欧洲、日本随即进行了相应的立法。现在,手性药物已引起了国内外医药界的广泛重视,已对医药工业形成了巨大的冲击,近几年单一对映体药每年均以 10% 以上的速度增长,其市场份额从 20 世纪 90 年代初的一两百亿美元已经增加到一千亿美元以上。

那么,为什么手性药物的对映体会有不同的作用? 由于目前还不清楚的原因,地球漫长的化学演化过程导致构成生命体的有机分子绝大多数都是手性分子,并且是单一异构体分子。如前所述,20 种氨基酸中有19 种是具有手性的,并且都具有 L 构型;糖具有多个手性中心,具有 D 构型。由这些单一构型的有机分子所组成的生物大分子蛋白质、酶、核酸、淀粉等也必然是手性分子,它们在生物体内构成手性的环境(图7)。

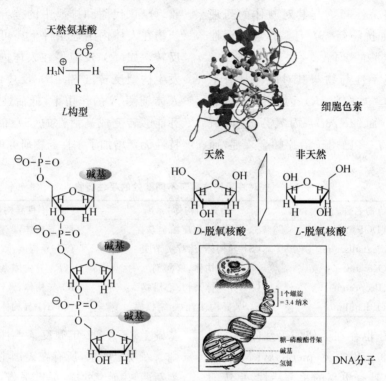

图 7 生命体是一个手性的世界

药物发挥作用的所谓靶点,也自然是手性的环境。手性是生命过程的基本特征,生命体系具有极强的手性识别能力,药物在体内是通过与生物大分子间相互手性匹配和分子识别而发挥治疗作用的。从下面简单的图示可以清楚地看出一对互为镜像的有机小分子和手性结合靶点的结合是不同的,这就是为什么手性药物的对映体在人体内会有不同的作用的原因。

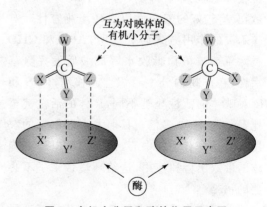

图 8 有机小分子和酶的作用示意图

手性小分子和生物体的相互作用我们可以从生活中常见的现象体会到。例如图9所示的氨基酸以及薄荷醇的对映体不同的味觉和嗅觉,就是由于这些手性小分子对映体和我们身体中的蛋白质作用时的差异所引起的(图9)。

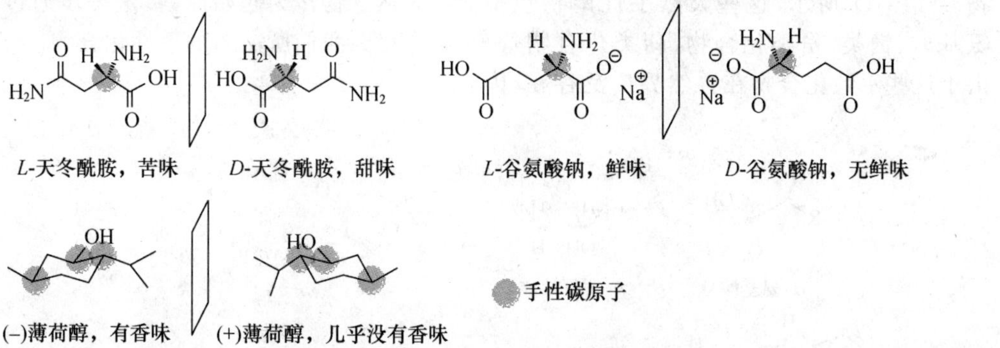

L-天冬酰胺,苦味　　　*D*-天冬酰胺,甜味　　　*L*-谷氨酸钠,鲜味　　　*D*-谷氨酸钠,无鲜味

(–)薄荷醇,有香味　　　(+)薄荷醇,几乎没有香味

● 手性碳原子

图9　相反对映体的不同作用

三、如何获得手性化合物

从上述我们已经了解到手性化合物的重要,那么,如何才能获得纯度很高的手性化合物? 手性化合物的纯度通常是用对映体过量的百分数来表示。例如有一个对映体混合物,其中 *R* 构型的对映体占 95%, *S* 构型占 5%,那么这个混合物的对映纯度或者光学纯度就是(95-5)/100=90% ee(ee是英文 enantiomeric excess 的缩写)。

获取手性化合物的方法有以下几种:
(1) 从天然产物中分离;(2) 旋光拆分;(3) 用光学活性化合物作为合成起始物——手性转化;(4) 使用手性辅助剂的方法——当量的不对称合成;(5) 不对称催化。在实际应用中,这几种方法中的任何一种都有可能成为获取某一特定手性化合物的最佳选择,它们各有其优缺点。就目前来讲,还没有一种对所有化合物都适用的普遍方法(图10)[1]。

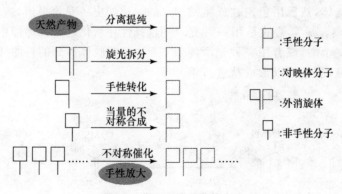

天然产物　分离提纯

旋光拆分

手性转化

当量的不对称合成

不对称催化　手性放大

:手性分子
:对映体分子
:外消旋体
:非手性分子

图10　获取手性分子的方法

从天然产物中分离。前面已经提到,生命体由手性化合物构成,那么很自然我们可以从动植物中提取我们需要的天然手性产物。如图 11 所示,这些天然手性产物包括氨基酸、糖类、甾类化合物、萜类化合物等。由于这些手性化合物在自然界广泛存在,因此我们能够较大量地获得这些化合物。但这种方法的局限性在于,天然的手性化合物仅限于特定的结构,一般来说我们会将这些天然产物作为起始原料,进一步通过化学转化得到我们所需的手性化合物。

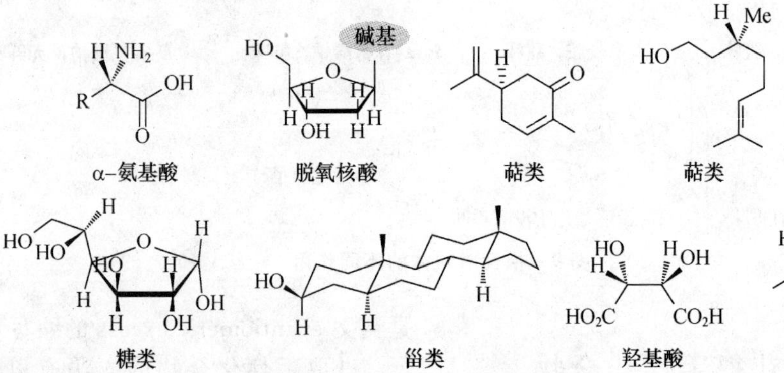

图 11　常见的天然手性化合物

旋光拆分。旋光拆分是传统的方法。所谓拆分,就是设法将两个对映体分开,巴斯德的酒石酸重结晶就属于旋光拆分。由于互为镜像的对映体在化学物理性质上完全一样,这种分离需要借助外部的手性环境。一般来说,它是用一个手性的化合物和需要拆分的化合物形成某种化学结合,即形成一对非对映异构体,然后用色谱柱或重结晶等方法进行分离。最常见的是用一种光学纯的碱去拆分一个酸,或者用一种光学纯的酸去拆分一个碱,酸碱可以形成盐进行重结晶。这种方法尽管古老,但目前在工业上还是用得很多的。除这种传统方法之外,近年来又发展起来了一种称为动力学拆分的方法。它是用一个手性环境下的化学反应,比如在手性催化剂作用下的反应,使得起始物中的某一个对映体以比较快的速度反应转化为另一种化合物,从而达到分离的目的。比如史一安等报道,应用手性二氧三环选择性环氧化起始物烯烃中的 R 对映体,从而达到对映体拆分的目的(图 12)[2]。

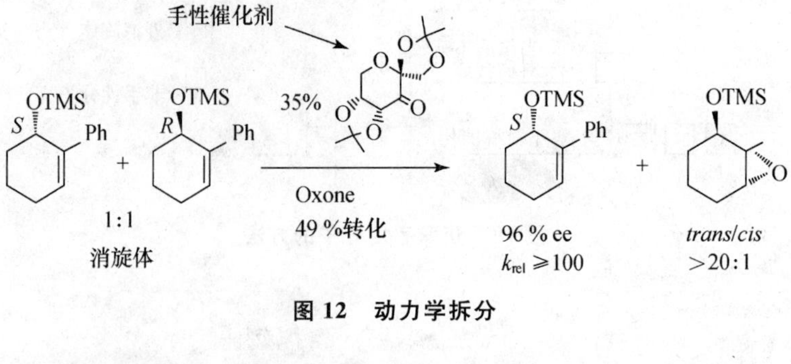

图 12　动力学拆分

手性转化。以从天然产物或其他途径获得的手性化合物为原料，通过常规的有机合成手段，最终制备出所需要的手性化合物。手性合成属于传统的方法，它是用手性的化合物作为起始物，应用常规的化学合成经数步反应得到最终的光学纯的产物。用光学活性化合物作为合成起始物方法的最大局限性在于手性起始物，比如是否容易得到光学纯度高的起始物等。此法的优点在于，如果使用光学纯度高的起始物，则只要仔细地设计合成路线以防止发生消旋即可得到光学纯度很高的最终产物，并且产物的绝对构型可以从起始物来推测。α-氨基酸、碳水化合物、α-羟基酸和萜类化合物是四类可以从中大量得到光学纯物质的天然产物，因而也常被用做手性合成的起始物。

例如 L-天冬氨酸经手性中间体合成天然生物碱 Solenopsin A 和 Indolizidine 209D（图 13）。Solenopsin A 是从美国南部的蚂蚁的毒素中分离出来的天然产物，具有很强的生物活性。生物碱 Indolizidine 209D 是从分布在南美的一种蛙的皮中分离出来的含量极少的天然产物，其结构是从质谱分析推测出来的。为了进一步研究这类生物碱，需要做化学合成以制备得到较大量的物质。已通过廉价易得的手性 L-天冬氨酸及常规的有机合成反应成功地合成了这两种天然产物[3]。应用手性天然产物为起始原料是有机化学全合成的经典手段。近年来随着不对称催化等方法的发展，应用不对称合成来制备手性原料也逐渐被广泛采用。

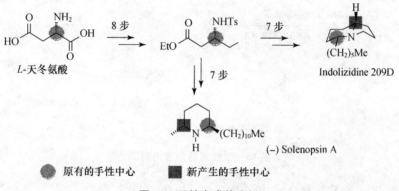

图 13　手性合成的实例

当量的不对称合成。应用手性的辅剂或者手性试剂进行立体选择性的反应，形成新的手性中心。用这种方法一般比较容易预测新形成的手性，并且底物的适用范围也相对比较宽。应用手性辅剂是合成光学纯化合物的另一个有效的方法。它是在分子内引入一个手性的辅助部分，用这个部分来控制反应中心的立体化学，生成的产物是非对映异构体，通常可以用柱色谱分离，最后这个手性的辅助部分可以被去掉。一些优秀的手性辅剂具有比较普遍的立体控制作用。例如手性的樟脑磺内酰胺具有很好的立体控制，它甚至可以用来控制自由基反应的立体选择性。自由基因为比较活泼，其反应的立体化学一般比较难控制。Naito 等报道了一个合成 β-氨基酸的新方法,关键的步骤就是用了自由基反应,用手性辅剂樟脑磺内酰胺控制两步反应的立体化学(图 14)[4]。

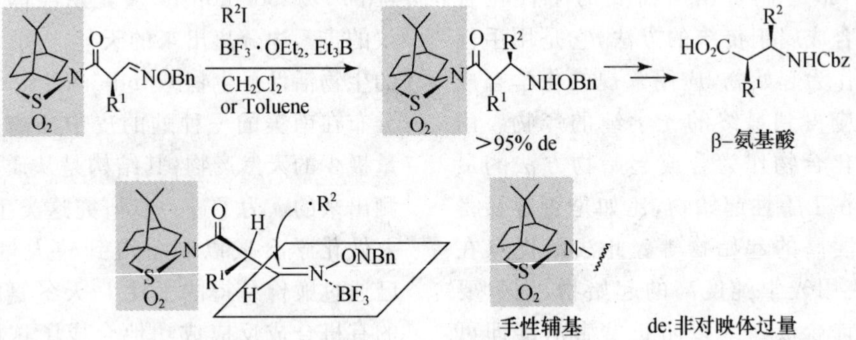

图 14　手性辅基的应用例一

Evans 等报道的一个 β-氨基酸的合成方法则是用另一个应用非常广泛的手性辅剂 Oxazolidinone,通过立体选择性烷基化引入新的手性中心,再经过水解、Curtius 重排和脱保护得到光学纯的 β-氨基酸(图 15)[5]。

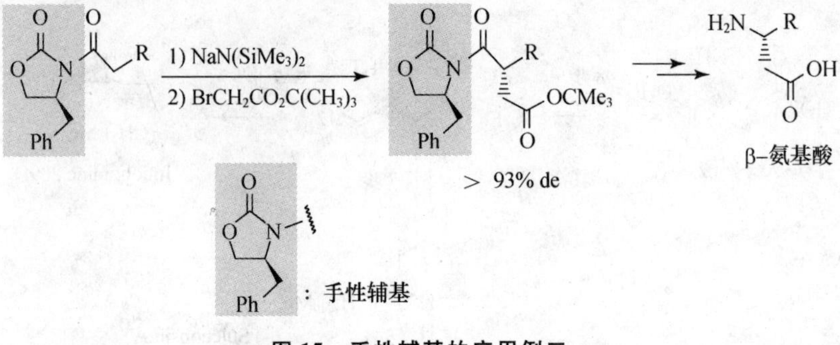

图 15　手性辅基的应用例二

不对称催化。在不对称合成中最具有挑战性的是不对称催化反应[6],它是用催化剂的不对称中心来诱导产生产物的手性,因此具有手性放大的作用。不对称催化的原理是具有手性的催化剂 C*(通常是带有手性配体的金属络合物)和底物 S 结合,形成手性复合物[SC*]。[SC*]具有比底物 S 更高的反应活性,或者说,S 被手性催化剂 C* 所活化。因此,反应经过手性复合物[SC*]发生,在此过程中 C* 的立体化学,或者说手性环境,控制了反应过程的立体化学,从而选择性地生成对映不等量的产物 P*。这个过程可以形象地用左右手相握来理解。手性催化剂好比是一只手,只有与之匹配的手才可以相握,并发生变化(生成产物)。自然界酶催化反应的原理也是一样的。酶反应通常具有非常高的对映选择性,这是大自然几十亿年进化的结果。然而每一种酶催化的反应仅有非常窄的底物适用范围。

$$S + C^* \Longrightarrow [SC^*] \Longrightarrow [P^*C^*] \Longrightarrow P^* + C^*$$

S: 反应底物；C^*: 手性催化剂；P^*: 手性产物；
$[SC^*]$: 底物和手性催化剂的复合物；
$[P^*C^*]$: 产物和手性催化剂的复合物

图16　不对称催化的原理

很显然，不对称催化的核心问题是手性催化剂的设计和合成。不对称催化的原理看似简单，但是其中涉及参与反应的底物、中间体以及产物和催化剂之间复杂的相互作用，以及立体控制过程中各反应途径微小的活化能差别，因此不对称催化研究具有很大的挑战性。目前这个领域的研究更多的是需要尝试，并且一般来说有效的手性催化剂往往仅适用于比较窄的底物范围。

由于不对称催化潜在的工业应用价值和学术上的挑战性，这个领域一直是有机化学研究的热点。全世界有很多的有机化学家在开展这方面的工作，其中具有代表性的是美国 Scripps 研究所的夏普雷斯教授、日

本京都大学的野依良治教授以及美国孟山都公司的诺尔斯博士。他们分享了 2001 年度诺贝尔化学奖。以下分别简介这三位科学家的研究工作。

夏普雷斯教授在 20 世纪 80 年代初发展了不对称环氧化反应，该反应现在已经被公认为人名反应并被广泛地用于有机合成，而且在工业上也得到了应用[6]。碳碳双键的环氧化是有机化学中的经典反应，在药物分子的合成中具有十分广泛的应用。双键具有平面的结构，不对称环氧化需要使得"氧"选择性地从双键平面的一边来进攻（图17）。这种控制具有很大的挑战性。

夏普雷斯不对称环氧化反应应用过氧化叔丁醇为氧化剂，用四价钛络合物 D-酒石酸二乙酯作为手性源控制环氧化只从双键平面的一边进行。如果在反应中用 L-酒石酸二乙酯，那么环氧化将从双键平面的另一边进行。夏普雷斯的不对称环氧化适用于双键的 α 位上含羟基的底物，即烯丙醇类的化合物。

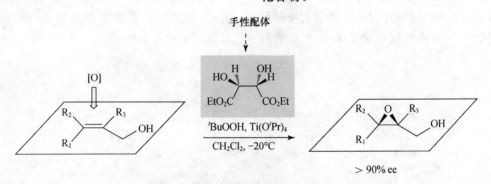

图17　夏普雷斯不对称环氧化反应

巧合的是，夏普雷斯不对称环氧化反应中应用的手性配体也正是当年巴斯德重结晶实验中的酒石酸的衍生物。这难道又是

一次偶然的好运吗？夏普雷斯在发现这个反应之前经历了许多艰辛的探索：很长一段时间研究没有突破的挫折感；来自研究生的

压力,因为他们需要文章(这一点今天中国的许多博导深有体会),等等。夏普雷斯总把他的研究比喻为钓鱼,在他的诺贝尔获奖演讲中有这样一段话:"渐渐地我喜欢上了大海,并且迷恋上了钓鱼。但我和大多数渔夫不一样,我不太在乎所抓鱼的大小和多少,而是更注意它们是否珍稀。没有比从水里拉上来一种神秘的甚至未知的生物更激动人心的事情了。"这或许就是科学家应有的境界吧。

在夏普雷斯的开创性工作以后,又有不少化学家继续在不对称环氧化领域开展研究。20 世纪 90 年代初,夏普雷斯的学生 Jacobson 和 Katsuki 分别开发了一类含 C_2 对称轴的手性配体,这些手性配体与 Mn(Ⅲ) 形成的络合物可以高度对映选择性地催化非烯丙醇类烯烃双键的环氧化[7]。这些反应迅速得到了广泛的应用。另外,华裔化学家史一安教授在 90 年代发明了应用果糖衍生物作为手性源,过氧化单硫酸钾盐为氧化剂的不对称环氧化反应。该反应解决了长期以来非官能团导向的烯烃特别是反式和大量三取代烯烃的不对称环氧化缺乏有效方法的问题,在底物的广谱性和立体选择性方面取得很好的结果并已在有机合成中被应用,成为有影响的早期的有机小分子催化体系[2]。

和双键环氧化反应相对应的是双键的氢化,即还原。不对称氢化反应就是选择性地从一个面将氢加成到双键上。野依良治教授和诺尔斯博士的主要贡献正是在这个领域。早在 20 世纪 60 年代末,美国孟山都公司的诺尔斯博士就开始含手性磷配体的铑络合物的制备并将其应用于不对称氢化。这类手性催化剂经不断改进,于 70 年代在孟山都公司用于工业化生产 L-多巴(L-二羟基苯丙氨酸,用于控制帕金森病)(图 18)[8]。同样,诺尔斯的不对称催化反应从实验室到工业生产也经历了很长的探索过程。诺尔斯在他诺贝尔获奖演讲的结束语中提到:"成功的发明所必需的四个要素:第一点是明显的,你需要有好的想法;第二点是实质性的,总要有经费才行,但要有一个平衡,太多或太少都不好;第三点,要有耐心,进展永远不会有预期的那样快;最后,运气是最重要的,如果没有幸运之神的帮助,作出任何发明都是不可能的。"

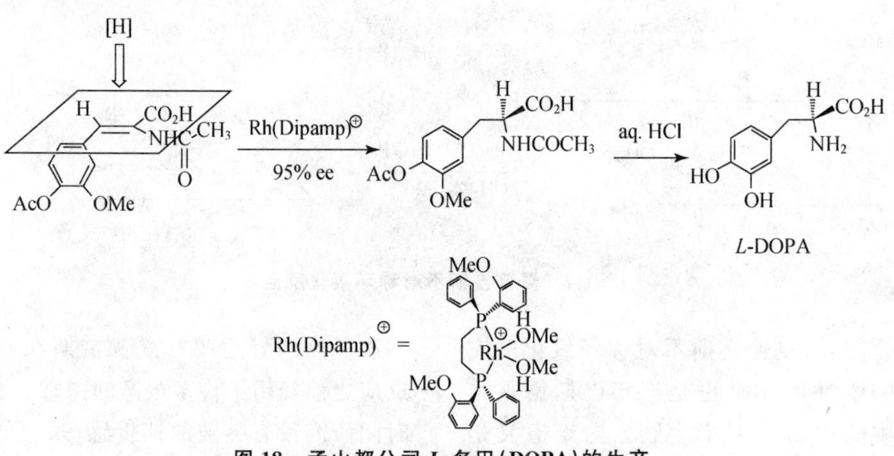

图 18　孟山都公司 L-多巴(DOPA)的生产

　　在以后的十多年间人们在不对称氢化方面开展了大量的研究工作,其中日本京都大学野依良治等最先开发的含手性联萘双膦配体(简称 BINAP)的金属催化剂获得了巨大的成功。野依良治最初研究的是含手性联萘磷配体的金属铑催化剂,用于碳碳双键的不对称氢化,得到很高的对映选择性(图 19)[9]。

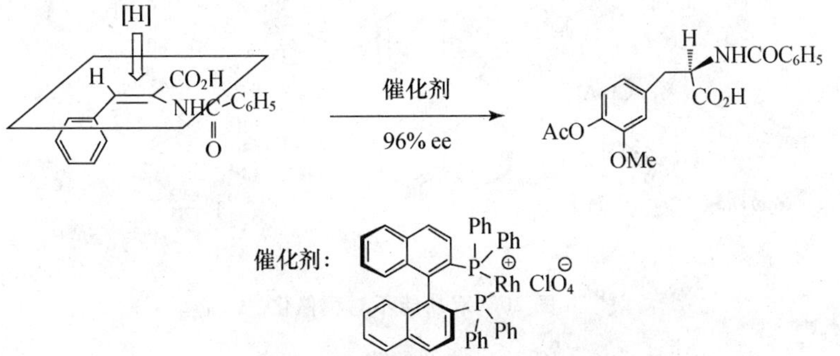

图 19　手性联萘双膦配体的应用

　　手性联萘是一种具有 C_2 对称轴手性的芳香族化合物,具有手性联萘骨架的化合物被证明是一类具有广泛普适性的配体,被很多研究组应用于其他的手性金属催化剂,发展出了许多高选择性的不对称催化反应。手性联萘双膦配体的工作经过了 6 年艰苦的努力,野依良治教授在他的诺贝尔获奖演讲稿中写道:“尽管令人难以琢磨的 BINAP 得到了,但是我们的目标依然很遥远。那时,用 BINAP-Rh(I)催化不对称氢化 α-(酰氨基)丙烯酸的对映选择性并不令人满意,且是多变的,产物的 ee 值大多在 80% 左右,但我们仍保持着耐心。在开始 6 年后的 1980 年,由我的年轻同事的不懈努力,有关我们第一次高选择性催化不对称合成氨基酸的工作终于发表了,ee 值高达 100%……”

　　在手性联萘结构的启发下,人们继续寻找能够在较大范围内实现高对映选择性催化反应的手性配体骨架。我国化学家陈新滋、蒋耀忠、周其林等发展的具有手性螺环骨架的配体在一系列的不对称催化反应中获得了高对映选择性[10]。

　　不对称催化反应经过许多化学家的长年努力已经取得了长足的进步,不少催化反应的效率和选择性甚至超过了酶催化反应。但是,手性化合物的合成问题还远远没有解决。90 年代中期,不对称催化研究的重点逐步转移到碳碳键的形成反应,而碳碳键的形成是构筑复杂有机分子的基础。为此目的,人们不断设计合成新的手性催化剂,并提出一些新的概念。例如日本东京大学的柴崎正胜教授提出双功能催化剂的概念,即用同一手性催化剂同时活化参与反应的两个部分,从而实现高效率和高选择性(图 20)[11]。

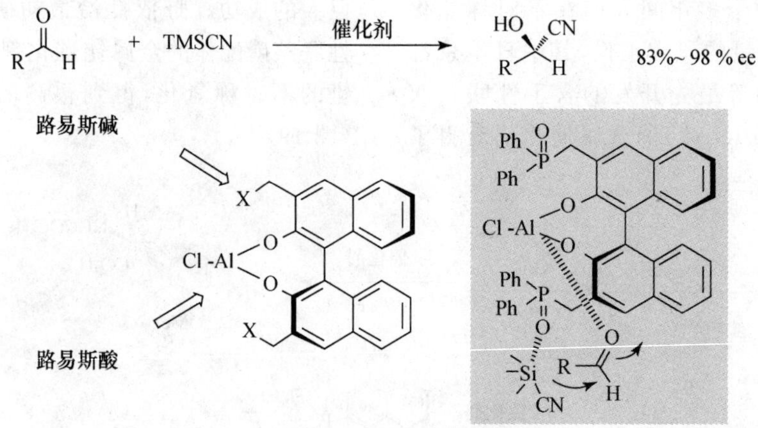

图 20　双功能不对称催化

以往的不对称催化绝大部分是应用金属络合物,进入 21 世纪人们发现,以脯氨酸为代表的有机小分子也可以在某些反应中作为手性催化剂实现高对映选择性。应用手性有机小分子进行不对称催化是近年有机化学研究的热点之一。如图 21 所示,应用 L-脯氨酸作为手性催化剂在亚胺的亲核加成反应中实现了高对映选择性[12]。有机小分子催化的优点在于不使用重金属离子,因而可以实现环境友好的反应。缺点在于有机小分子催化剂的效率一般较低,因此催化剂的用量通常较大。另外,有机小分子催化剂目前看来还仅适用于特定的几类反应。

将学术研究领域发展出的不对称催化反应应用于工业生产是从事不对称催化研究的科学家们的共同梦想。虽然世界上有很多的课题组在从事不对称催化的研究,每年也有大量的相关论文发表,但是,真正在工业上得到应用的不对称催化反应却还是十分有限的。一个重要原因是手性催化剂通常十分昂贵——不仅金属本身很昂贵,手性配体常常更加昂贵。此外,重金属造成污染的问题也不容忽视。为了解决这些问题,人们研究将手性催化剂固载化,使之在反应结束以后可以用简单的方法回收再次使用(图 22)[13]。

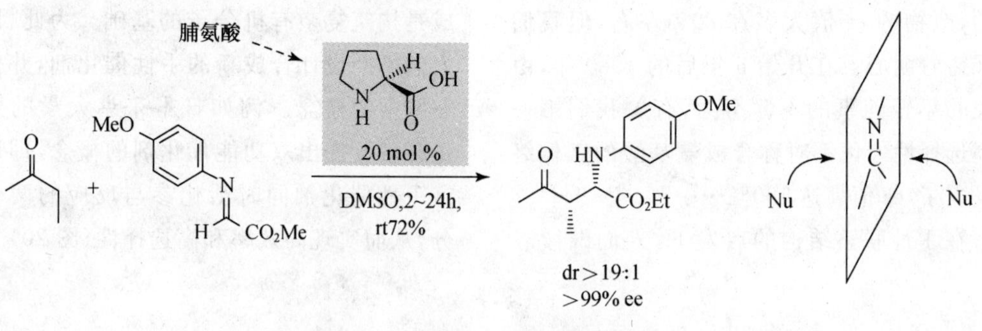

图 21　手性有机小分子催化的反应

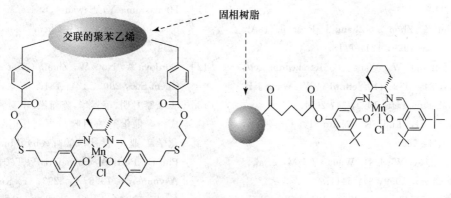

图 22　固载化的手性催化剂

　　组合化学和高通量筛选是 20 世纪 90 年代发展起来的药物研发的新技术。人们也尝试将这种技术应用到不对称催化剂的研发中，以期以更高的效率发现手性催化剂[14]。此外，人们在不对称催化反应的研究中还发现了一些有意思的现象，例如不对称放大现象，即用较低纯度的手性催化剂也可以得到高纯度的手性产物的现象。造成这种现象的原因是手性催化剂复杂的络合作用[15]。与此相关人们还发现了手性毒化和活化，以及不对称自催化等现象[16]。这些新奇的现象为不对称催化研究增加了新的内容。不对称放大和自催化现象还和一个非常基础的科学问题有关——手性化合物的起源。我们知道，只有手性化合物或手性环境才能够选择性地诱导新的手性中心的形成，那么最早的手性化合物又从何而来？为什么构成生命的天然氨基酸都是 L 构型的，而糖是 D 构型的，这是偶然的吗？这些依然是悬而未决的难题，是涉及生命起源的古老而又根本性的问题[17]。

　　从 160 年前巴斯德的酒石酸重结晶实验到今天的不对称催化反应，有关手性化合物的故事既古老又新奇，到今天故事还远没有结束。手性药物问题的出现使得手性化合物的工业化生产成为人们关注的热点，手性化合物显然已不是一个仅限于学术领域的问题，它和我们的生活息息相关。值得注意的是，近年来有许多专门制备手性有机化合物的高科技公司在欧美等发达国家相继成立，显然是为了瓜分这一巨大市场。我国是人口大国，随着社会的发展和生活水平的普遍提高，以及不久将来老龄化社会的到来，健康问题将会变得尤其重要。可以肯定，医药将会是很大的市场，相应的手性药物中间体的需求也将是极大的。因此，我们很有必要在不对称合成的基础研究和产业化方面积极开展工作，在该领域的全球竞争中占有一席之地。

参 考 文 献

[1]　有关手性化合物合成的综述，见：（a）李月明，范青华，陈新滋. 不对称有机反应[M]. 北京：化学工业出版社，2005；（b）尤田耙，林国强. 不对称合成[M]. 北京：科学出版社，2005；（c）黄量，戴立信，杜灿屏，吴镭. 手性药物的化学与生物学[M]. 北京：化学工业出版

社,2002.

[2]　Frohn M, Zhou X, Zhang J -R et al. J Am Chem Soc 1999, 121: 7718.

[3]　(a) Jefford C W , Wang J B. Tetrahedron Lett, 1993, 34: 3119; (b) Jefford C W, Wang J B. Tetrahedron Lett, 1993, 34: 2911.

[4]　Miyabe H, Fujii K, Naito T. Org Lett, 1999, 1: 569.

[5]　Evans D A, Wu L D, Wiener J J M, et al. J Org Chem, 1999, 64: 6411.

[6]　Katsuki T, Sharpless K B. J Am Chem Soc, 1980, 102: 5974.

[7]　(a) Zhang W, Loebach J L, Wilson S R, Jacobsen E N. J Am Chem Soc, 1990, 112: 2801; (b) Irie R, Noda K, Ito Y, et al. Tetrahedron Lett, 1990, 31: 7345.

[8]　(a) Knowles W S, Sabacky M J. J Chem Soc, Chem Commun, 1968, 1445; (b) Knowles W S, Acc Chem Res, 1983, 16: 106; (c) Knowles W S. J Chem Ed, 1986, 63: 222.

[9]　Miyashita A, Yasuda A, Takaya H, et al. J Am Chem Soc, 1980, 102: 7932.

[10]　(a) Chan A S C, Jiang Y, Hu W H et al. J Am Chem Soc, 1997, 119: 9570; (b) Xie J-H, Wang L-X, Fu Y, et al. J Am Chem Soc, 2003, 125: 4404.

[11]　Hamashima Y, Sawada D, Kanai M, Shibasaki M. J Am Chem Soc, 1999, 121: 2641.

[12]　Córdova A, Notz W, Zhong G, et al. J Am Chem Soc, 2002, 124: 1842.

[13]　(a) 李月明,范青华,陈新滋.不对称有机反应——催化剂的回收与再利用[M].北京:化学工业出版社,2003; (b) Minutolo F, Pini D, Petri A, Salvadori P. Tetrahedron: Asymmetry, 1996, 7: 2293; (c) Reger T S, Janda K M. J Am Chem Soc, 2000, 122: 6929.

[14]　(a) Sigman M S, Jacobsen E N. J Am Chem Soc, 1998, 120: 4901; (b) Long J, Hu J, Shen X, et al. J Am Chem Soc, 2002, 124: 10.

[15]　(a) Puchot C, Samuel O, Dunach E, et al. J Am Chem Soc, 1986, 108: 2353; (b) Yuan Y, Li X, Sun J, Ding K. J Am Chem Soc, 2002, 124: 14866.

[16]　(a) Faller J W, Sams D W I, Liu X. J Am Chem Soc, 1996, 118: 1217; (b) Mikami K, Matsukawa S, Nature, 1997, 385: 613; (c) Soai K, Shibata T, Morioka H, Choji K. Nature, 1995, 378: 767.

[17]　Pizzarello S, Weber A L. Science, 2004, 303: 1151.

新一代物质转化途径

随着社会的发展和人类生活水平的提高，人们对合成科学的依赖也越来越多，而合成科学的发展又决定于新的方法学，尤其是催化的高选择性方法学的建立。例如，20世纪20年代初期发展的催化合成氨不但推动了煤化学工业的发展，而且为人类生存和社会稳定所需要的粮食增产起到了重要作用；50年代石油化学工业的兴起与Wacker催化反应过程及Ziegler-Natta催化剂的发现密不可分；80年代碳一化学的发展也与催化剂息息相关；制药工业和精细化学品制造中的绝大多数合成过程属于高选择性催化反应。

然而，合成科学在为人类社会提供衣食住行和健康保障等赖以生存的物质基础和为电子、信息、生物、材料等高科技领域的发展提供前提条件的基础上，也为人类生活带来了严重的甚至毁灭性的灾难。从20世纪含卤素农药的生物残留导致对自然界中生物乃至人类毒害，到氟里昂的使用对南极臭氧层的破坏以及合成药物的副作用导致的一系列健康问题，人类在创造物质和财富的同时，产生的涉及生态、环境、资源等影响社会可持续发展的一系列问题，使科学家们重新开始审视过去的一个多世纪里发展起来

的合成化学方法学。然而，作为在不同领域中发挥了重要作用的合成科学，我们绝不可能因为其引起的一系列问题而因噎废食，彻底放弃，而是必须寻求新的物质转化途径。为此，人们越来越追求优异的反应产率和选择性、温和的反应条件、使用方便易得且廉价的原料，这样可能减少或避免对环境的负面影响。另一方面，我国的基本国情是人口多、自然资源短缺、生态环境脆弱、污染日趋严重，战略资源供需矛盾日益尖锐，人与自然的关系更加紧张，尤其是化石能源的相对贫乏和日益增加的需求，使科学家们竭尽全力去寻找高效合理、将污染尽可能降低到最小的新的物质转化途径，实现有限资源的最大化、合理化甚至高效的循环使用。在多重制约因素条件下，要实现人与自然的协调发展，经济社会全面协调可持续发展，其中与环境、资源、能源、生态和经济等密切相关的化学工业的可持续发展问题尤为突出。

随着化学工业的发展，高选择性的催化体系逐渐发展起来。据统计，目前由合成化学工业提供的化学产品中有85%是通过催化过程生产的，不过必须指出的是，其中大部分都是基于具有活性官能团或者活性化学键而实现的催化转化。然而，具有活性官

能团化合物的制备和生产一般都需要相对较为苛刻的条件,并以产生大量的三废为代价,如卤化和硝化过程等。从简单易得的工业原料出发,直接实现高附加值的人类生活必需品的制备,成为化学家们追求的目标。

我们知道,简单易得的工业原料如化石能源所含有的化合物,一般情况下都不具备活性官能团,很难进行直接的化学转化。因此,以此类化合物的直接利用作为最终目标的化学转化尤为重要。而实现此类化合物的高效、洁净的转化过程的最有效手段就是对此类原料所富含的惰性的碳-氢键(C—H)和碳-碳键(C—C)的活化。一般情况下,基于惰性化学键活化发展的方法应更直接、更简单和更环境友好,同时相应的原料也往往价廉易得。因此,含有惰性化学键原料的活化和重组大大提高其原子经济性和步骤经济性,将从一定程度上从源头上消除合成工业中的污染,改变化学工业的现状,为新一代合成工艺提供科学基础。以目前构建碳-碳键的重要方法之一偶联反应来看,如果利用最经典的碘苯作为试剂实现苯基化,其原料的质量利用率只有38%,而且原料非常昂贵。随着此类偶联反应的进一步发展,溴苯和氯苯陆续被广泛使用,不仅大大降低了生产成本,同时也将原料的质量利用率提高到68%。然而,众所周知,卤化物是一类重要的污染源化合物,其生产和使用都给环境带来了沉重的负担。如果我们能够用石油工业中大量获得的廉价的苯为原料来实现类似的化学转化,不仅可避免卤苯的使用,缩短合成的步骤,而且也使原料的质量利用率达到99%。[1]

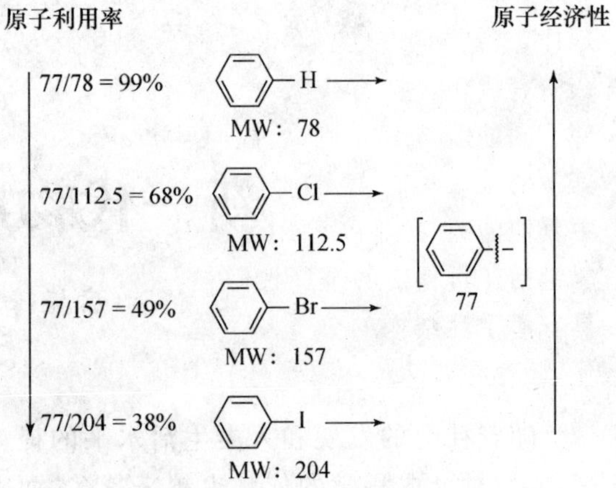

图 1　原子经济性

作为新一代物质转化途径,其核心问题是实现直接、温和的碳-氢键的高效高选择性的转化。作为有机化合物中最基本的化学键之一,断裂典型的碳-氢键所需的能量(bond dissociation energy,BDE)很高,而且由于碳原子和氢原子的电负性相近,使碳-氢键呈现相对稳定而且极性很小的基本结构特征。在没有其他官能团活化的情况下,碳-氢键很难在温和条件下发生化学转化,所以在这方面遇到的第一个问题就是其反应活性很低。然而,从广义概念上讲,我们对碳-氢键的直接转化的例子并不陌生,例如目前很多家庭利用燃烧沼气和天然气来取暖和加热食品,汽车通过燃烧汽油和柴油提供动力,以及大兴安岭曾经发生的熊熊大火,其中碳-氢键的转化就是其最重要的化学过程之一。因此,从某种程度上讲,较低的活性并不是碳-氢键转化中最关键的问题。

那么在碳-氢键的转化中最关键的问题是什么呢？首先，我们知道，对于相对较复杂的有机化合物，在同一个分子内都有很多种不同的碳-氢键。那么，我们怎样才能实现其中的某一类碳-氢键的转化而不影响分子中其他的碳-氢键和官能团呢？这就涉及碳-氢键活化过程中的选择性问题。同时，对于具有潜手性结构的分子的不同碳-氢键的转化，还存在着活化后形成的化合物的立体选择性的问题。

既然碳-氢键活化如此困难，我们为什么去实现这样的化学转化呢？首先，从基础科学研究的角度，由于碳-氢键的惰性以及由于活化而带来的效率，碳-氢键活化将揭开人类对有机化学研究的新篇章。更重要的是，由于化学工业的发展，在制造出大量的有利于提高人类生活水平的化工产品的同时，产生了三废，对环境造成了污染。而如果能够实现碳-氢键选择性活化并最终实现工业化，不仅可以大大提高合成化学的效率，还可以从源头上来解决污染问题，实现人类的可持续发展，同时也为不可再生的化石资源的高效利用提供了物质基础。例如，利用碳-氢键活化可以最终实现从烃类化合物到不同种类的有机化合物最直接、最经济的转化方式（图2）。无疑，碳-氢键活化不仅是有机化学科学前沿的挑战，也将成为新一代物质转化的核心。

所谓碳-氢键活化，就是在一定条件下，对一种有机化合物中的某一碳-氢键实现定向化学转化。[2] 如前面所述，由于碳-氢键本身的反应活性和对其进行化学转化的选择性，使碳-氢键活化成为对有机化学家最大的挑战。目前，实现碳-氢键化学转化的方法已

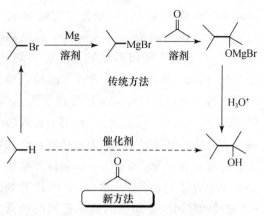

图2　新一代物质转化途径——碳-氢键活化

经有了很多报道，如利用碳-氢键本身的酸性差别使用强碱直接去质子，实现碳-氢键的高效高选择性转化；利用自由基反应来实现转化等。在不同种类的碳-氢键转化中，利用过渡金属扮演"魔术师"来实现催化的碳-氢键活化显得尤为重要，也是目前最常用的方法之一。

对于不同类型的碳-氢键，其活化的难易程度也有着本质差别，但目前也都或多或少取得了一些阶段性研究成果。[3] 对于较为活泼的 sp 碳-氢键，即末端炔的碳-氢键的官能团化，能够在较温和的条件下就可以实现，如末端炔和卤化物发生的 Sonogashira 偶联构建碳-碳键。[4] 相比较而言，sp² 碳-氢键更广泛存在于有机分子，尤其是芳香族化合物中，其键能也远远高于 sp 碳-氢键，更为惰性。但由于连接碳-氢键的碳原子隶属于一个 π 体系，π 体系本身的结构特征使其很容易与过渡金属催化剂作用，从而大大降低活化 sp² 碳-氢键的难度。目前，通过不同的路径实现芳香烃的碳-氢键的活化方兴未艾，已经取得了很好的进展。[5] 尤其是利用一定的

导向基团实现高选择性的芳香烃的碳-氢键活化为此类研究的实际应用提供了良好的基础。[6]对于被官能团活化的 sp^3 碳-氢键,如苄基、烯丙基的 sp^3 碳-氢键活化已经取得了较大的进展。利用导向基团实现某类 sp^3 碳-氢键也取得了一些成绩。[7]利用卡宾或金属卡宾或氮宾实现对 sp^3 碳-氢键的选择性插入也是较为成功的一个例子,但是目前也主要集中于分子内反应。[8]然而,对于普通的 sp^3 碳-氢键活化,正如我们前面提到的极低的反应活性和反应的选择性,成为有机化学家研究的终极目标。目前,在此领域中的研究也取得了一定的进展,例如利用铑、钨等金属的络合物实现烷烃末端的碳-氢键的官能团化等。[9]最近,此领域的研究又有了新的突破,在两种过渡金属催化剂的存在下可以使直链烷烃发生形式上的复分解反应而生成新的烷烃。[10]对于甲烷分子的活化,目前也取得了可喜的成绩,在多相或者均相的体系中,利用催化剂可以实现甲烷的可控性氧化。[11]我国科学家在此领域也作出了一些贡献。[12]

除了过渡金属在 sp^3 碳-氢键活化直接扮演"魔术师"之外,过渡金属在碳-氢键的直接氧化过程中也扮演着重要的角色。这些氧化的过程可以通过单电子转移或者卡宾插入的途径来实现。尤其是单电子转移实现 sp^3 碳-氢键活化,在生命体系的化学活动中扮演了非常重要的角色。目前,化学家们在此领域中也取得了可喜的成绩,如最近发展的利用常见的金属铁的络合物作为催化剂,可以实现高效的三级碳或者二级碳上 sp^3 碳-氢键的高选择性氧化。[13]但就目前的研究而言,无论是利用过渡金属直接催化方式还是

单电子转移的途径,还仅仅停留在实验室研究的阶段,离实际应用还有遥远的路要走。

作为新一代物质转化的途径,碳-氢键的活化将会继续受到科学家们的密切关注,因为它是实现化学和能源工业可持续发展的重要手段,它的最终实现将会改变整个化学工业的现状,实现现有资源的合理利用,在一定程度上从源头上解决化学工业带来的环境问题。

另一方面,作为和碳-氢键一样广泛存在于有机分子中的碳-碳键,其直接被活化后再进行高效的化学转化也成为合成化学家们关注的目标。最近几十年来,随着烯烃和炔烃的复分解反应的发展,基于碳-碳双键或叁键的直接切断和在合成中的应用为很多有机化合物及功能性材料的合成提供了更加便捷的途径。由于烯烃复分解反应的基础科学价值和在人类生活中所扮演的重要角色,2005 年,Chauven,Grubbs 和 Shrock 因在此领域的杰出贡献分享了诺贝尔化学奖。[14]

然而,相对于碳-碳双键或叁键,碳-碳单键的直接高效的转化就要复杂困难得多。一方面,碳-碳单键不像双键或叁键一样具有可以和过渡金属催化剂很好直接作用的 p 轨道,另一方面,碳-碳单键在有机分子中一般为碳-氢键或其他官能团所包裹,不易与外界的反应试剂接触,大大增加了对其活化的难度。同时,在同一分子中多个不同碳-碳单键的存在也为其转化的选择性提出了挑战。相对于相对活跃的碳-氢键活化和利用的研究,在碳-碳键活化领域的研究还处于最初级的实验阶段。[15]

再则,二氧化碳既是地球上储量最大的

一种碳资源，又是日益影响人类居住环境的温室气体。从目前和未来一段时期来看，全球能源结构不会有根本变化，化石能源（煤、石油、天然气）仍然居主导地位，约占85%～90%。煤、石油、天然气等在提供能源的同时，势必产生大量的二氧化碳。据统计，目前全球二氧化碳的排放量约为250亿吨左右，预计到2030年将达到400亿吨。二氧化碳的大量排放，直接导致了全球气候日益变暖，海平面升高，生态环境恶化，自然灾害频发。2005年2月16日，《京都议定书》正式生效。这是人类历史上首次以法规的形式限制温室气体排放。我国是较早核准《京都议定书》的国家之一，作为一个负责任的大国，对全球温室气体减排作出了应有的贡献。未来，随着我国经济的高速发展，能源消耗量还会继续增加，"后京都时代"我国将面临更大的压力，因此，积极开展二氧化碳减排方面的基础性研究，探索符合我国国情的二氧化碳减排之路迫在眉睫。关于二氧化碳的治理，目前除了进行海底或地下封存以外，通过回收和化学转化是对其进行有效利用的另一个重要途径。但二氧化碳本身又是一个十分稳定的分子，因此探索如何实现对惰性二氧化碳进行活化并转化为其他有应用价值的化学品，是实现其作为一种重要碳资源进行利用的根本出路。[16]

烷烃和二氧化碳的转化将为合成工业提供廉价、优质的碳源，而在合成工业中最好的氧源无疑是氧气。氧气作为大气的主要成分之一，从理论上讲，应是用于氧化反应的最洁净、最经济的氧化试剂。氧化反应是有机合成化学中的最重要的基本反应类型之一，它被广泛应用于医药、农药以及精细化工产品的生产，而烃类的催化选择氧化也是石油化工领域的核心技术。[17] 在催化过程生产的各类有机化学品中，氧化产品占25%以上，主要用于制造化学纤维、聚酯和塑料等。在应用氧化反应进行药物、农药以及精细化工产品的生产中，存在的主要问题是使用大量（至少化学计量）重金属盐或硝酸作为氧化试剂所带来的严重环境污染。使用空气或氧气进行催化氧化是进行清洁氧化的发展趋势，因为反应的副产物是水，同时氧气本身是来源丰富和最价廉的资源之一。因此，开展对氧气的活化以及对惰性化学键和有机分子进行选择性氧化研究，将是实现清洁氧化的关键所在，而氧化过程本身又是在各类反应中选择性最低、难度最大、最具有挑战性的研究课题之一，所以无论从工业需求还是学科前沿而言，进行氧气分子的活化研究都是十分有意义的。

在生命体系中除了C,H,O以外的第四元素为N。无疑，在合成工业中最好的氮源是占空气中四分之三的氮气。诚如前面所述，20世纪20年代初期发展的催化合成氨不但推动了煤化学工业的发展[18]，而且为人类生存和社会稳定所需要的粮食增产起到了重要作用，但目前其合成工艺需要在高温高压下进行，能耗很大。因此，在温和条件下实现氮气的高选择性活化合成含氮化合物以及对有机化合物实现直接的氮原子的转移，也将是合成化学家们的最终目标之一。[19]

在探索代表新一代物质转化的合成途径同时，人们也在思考着利用可再生资源代替不可再生资源。在此领域中，生物质的高效利用因此引起了能源学家们的广泛关注。

自然界本身提供了取之不尽、用之不竭的生物质资源,如果能够实现对生物质的合理转化和利用,将为人类的生产和生活提供坚实的物质基础。对于生物质的利用目前主要集中于两个领域:一方面是希望利用现有的生物或化学的手段,将其转化为和化石能源类似的能源物质如生物柴油等;另一方面是对生物质进行高选择性、高效的降解,将其转化为合成工业的关键中间体。[20]无论对在生物质人工转化中的哪种途径,归根结底都是对生物质中富含的碳-氧键、碳-氢键、碳-碳键的高效高选择性的活化,实现生物质的高效合理的转化利用。事实上,这也是物质转化新途径的核心内容。

从生物质出发实现其能量的传递和转化,其本质是利用植物通过光合作用对太阳能的合理利用。化学家也一直希望通过化学的转化过程实现对太阳能的转化和储存,其中利用太阳能光解水一直引起科学家们的热切关注,成为新一代物质转化的核心之一。在催化剂存在下,利用太阳光实现水的分解而生成氢气和氧气,实现光能向化学能的转化。一方面氢气作为一种洁净的能源为人类的生产和生活所用,另一方面氧气和氢气也为新一代物质转化途径中的氢循环和氧循环提供物质基础。[21]

$$H_2O \xrightarrow[\text{太阳光}]{\text{催化剂}} H_2 + O_2$$

综上所述,新一代物质转化途径的核心问题是利用化学的手段,实现惰性化学键(如碳-氧键、碳-氢键、碳-碳键等)以及小分子(如氮气、二氧化碳等)的高效高选择性的活化和利用,而其本身的最终能量源自于太阳能。我们不难想象,在新一代物质转化途径的物质基础的支持下,在自然界物质循环

的基础上,人类将开发出一种新的物质和能量循环的新途径。

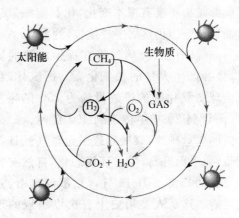

图3　新一代物质和能量循环图

参考文献

[1] (a) Trost B M. Science, 1991, 254: 1471. (b) Trost B M. Acc Chem Res, 2002, 35: 695. (c) 麻生明,魏晓芳. 原子经济性反应[M]. 北京:中国石化出版社,2006. (d) Li Z, Bohle D S, Li C-J. Proc Natl Acad Sci, 2006, 103: 8928. (e) Li C-J, Trost B M. Proc Natl Acad Sci, 2008, 105: 13197.

[2] (a) Chen H, Schlecht S, Semple T C, Hartwig J F. Science, 2000, 287: 1995. (b) Stuart D R, Fagnou K. Science, 2007, 316: 1172. (c) Bergman R G. Nature, 2007, 446: 391.

[3] (a) Jones W D, Feher F. J Acc Chem Res, 1989, 22: 91. (b) Shilov A E, Shul'pin G B. Chem Rev, 1997, 97: 2879. (c) Labinger J A, Bercaw J E. Nature, 2002, 417: 507.

[4] (a) Wang Y-F, Deng W, Liu L, Guo Q-X. Chin J Org Chem, 2005, 25: 8. (b) Chinchilla R, Nájera C. Chem Rev, 2007, 107: 874.

[5] Jia C, Kitamura T, Fujiwara Y. Acc Chem Res, 2001, 34: 633.

[6] (a) Murai S, Kakiuchi F, Sekine S, et al. Nature, 1993, 366: 529. (b) Jia C, Piao D, Oyamada J, et al. Science, 2000, 287: 1991. (c) Thalji R K, Ahrendt K A, Bergman R G, Ellman J A. J Am Chem Soc, 2001, 123: 9692. (d) Cho J-Y, Tse M K, Holmes D, et al. Science, 2002, 295: 305. (e) Li B-J, Yang S-D, Shi Z-J. Synlett, 2008, 7: 949.

[7] (a) Chen M S, White M C. J Am Chem Soc, 2004, 126: 1346. (b) Desai L V, Hull K L, Sanford M S. J Am Chem Soc, 2004, 126: 9542. (c) Giri R, Chen X, Yu J-Q. Angew Chem Int Ed, 2005, 44: 2112. (d) Giri R, Liang J, Lei J-G, et al. Angew Chem Int Ed, 2005, 44: 7420. (e) Chen X, Goodhue C E, Yu J-Q. J Am Chem Soc, 2006, 128: 12634. (f) Wasa M, Engle K M, Yu J-Q. J Am Chem Soc, 2009, 131: 9886.

[8] (a) Liang J - L, Yuan S - X, Huang J - S, et al. Angew Chem Int Ed, 2002, 41: 3465. (b) Davies H M L, Beckwith R E. J Chem Rev, 2003, 103: 2861. (c) Díaz-Requejo M M, Belderraín T R, Nicasio C M, Trofimcnko S. J Am Chem Soc, 2003, 125: 12078. (d) Davies H M L, Manning J R. Nature, 2008, 451: 417.

[9] (a) Waltz K, Hartwig J F. Science, 1997, 277: 211. (b) Chen H, Schlecht S, Semple T C, Hartwig J F. Science, 2000, 287: 1995. (c) Hoyt H M, Michael F E, Bergman R G. J Am Chem Soc, 2004, 126: 1018.

[10] (a) Goldman A S, Roy A H, Huang Z, et al. Science, 2006, 312: 257. (b) Basset J-M, Copéret C, Soulivong D, et al. Acc Chem Res, ar900203a.

[11] (a) Periana R A, Taube D J, Evitt E R, et al. Science, 1993, 259: 340. (b) Periana R A, Taube D J, Gamble S, et al. Science, 1998, 280: 560. (c) Sen A. Acc Chem Res, 1998, 31: 550. (d) Labinger J A, Bercaw J E. Nature, 2002, 417: 507. (e) Periana R A, Mironov O, Taube D, Bhalla G, Jones C J. Science, 2003, 301: 814; (f) Jones C, Taube D J, Ziatdinov V R, et al. Angew Chem Int Ed, 2004, 43: 4626.

[12] (a) Wan H L, Zhou X P, Weng W Z, et al. Catal Today 1999, 51: 161. (b) Lin M M. Appl Catal, A, 2001, 207: 1. (c) Fu G, Xu X, Lu X, Wan H-L. J Am Chem Soc, 2005, 127: 3989. (d) An Z-J, Pan X-L, Liu X-M, et al. J Am Chem Soc, 2006, 128: 16028. (e) Zheng H, Ma D, Bao X-H, et al. J Am Chem Soc, 2008, 130: 3722.

[13] Chen M S, White M C. Science, 2007, 318: 783.

[14] http://nobelprize. org/nobel_prizes/chemistry/laureates/2005/press. html

[15] (a) Murakami M, Ito Y. Top Organomet Chem, 1999, 3: 97. (b) Jun C-H. Chem Soc Rev, 2004, 33: 610. (c) Goo? en L J, Deng G, Levy L M. Science, 2006, 313: 662. (d) Bonesi S M, Fagnoni M, Albini A. Angew Chem Int Ed. 2008, 47: 10022. (e) Winter C, Krause N. Angew Chem Int Ed, 2009, 48: 2460.

[16] (a) Behr A. Carbon dioxide activation by metal complexes [M]. Weinheim VCH, 1988. (b) Sakakura T. Chem Rev, 2007, 107: 2365.

[17] 徐杰, 全新利, 马红, 张巧红, 苗虹. 催化界的挑战:烃类催化选择氧化[C]. 中国化学会第九届全国络合催化学术讨论会.

[18] http://kepu. ccut. edu. cn/100k/read-htm-tid-11. html.

[19] (a) Chatt J, Dilworth J R, Richards R L. Chem Rev, 1978, 78: 589. (b) Bazhenova T A, Shilov A E. Coord Chem Rev, 1995, 144: 69. (c) Schrock R R. Acc Chem Res, 1997, 30: 9. (d) Shilov A E. Russ Chem Bull, 2003, 52: 2555. (e) Schrock R R. Angew Chem Int Ed, 2008, 47: 5512.

[20] Grohmann K, Wyman C E, Himmel M E. Emerging Technologies for Materials and Chemicals from Biomass[M]. Chapter 21, 1992, 354—392.

[21] (a) Zong X, Yan H-J, Wu G-P, et al. J Am Chem Soc, 2008, 130: 7176. (b) Zhang J, Xu Q, Feng Z-C, et al. Angew Chem Int Ed, 2008, 120: 1766. (c) Yan H-J, Yang J-H, Ma G-J, Wu G-P, et al. J Catal DOI: 10. 1016/j. jcat. 2009. 06. 024. (d) Qin P, Zhu H, Edvinsson T, et al. J Am Chem Soc, 2008, 130: 8570. (e) Yum J-H, Hagberg D, Moon S-J, Karlsson K M, et al. Angew Chem Int Ed, 2009, 48: 1576.

"催化"的精彩和奥妙*

包信和

从中学化学课本上我们就读到,由氮气(N_2)和氢气(H_2)制备化肥的合成氨过程需要"高温、高压、催化剂"。这里的"催化剂"就是指一种物质,它能加速化学反应而自身"不发生变化",也就是说,对有些化学反应,如果不加"催化剂",尽管热力学上证实是可以发生的(自由能小于零),但在实际过程中却进行得非常慢,甚至几乎"觉察不到"。实际上,很久以前人们就发现在许多与人类日常生活密切相关的过程中存在"催化现象"和"催化剂",如制皂、制醋以及面粉发酵等。当加入某种物质就能加快反应过程。最早科学地观察"催化"过程的是俄国化学家Kirchhof。1812年,当他将淀粉放在烧杯中进行水解反应时发现,即使在沸水中加热很长时间,淀粉也不会发生水解,但当滴入几滴碳酸后,水解反应立刻发生,生成糖。进一步分析,他还发现,加入的碳酸本身并没有参与反应,反应前后也没有发生任何变化,在反应中仅仅起到一个帮助反应进行的作用。第一次使用"催化"(catalysis)这个名词是在1835年,当时瑞典科学家Berzelius用希腊语中的kata(就是"向下"的意思)和lyein(就是"松弛"的意思),意思是这种物质

"松弛了化合物之间的结合"。

一、催化和催化过程

根据催化反应的种类,催化可以分为均相(homogeneous)催化和多相(heterogeneous)催化,前者是催化剂和反应物在相同的物相中,而后者是反应物和催化剂属不同的物相。上面举的两个例子中,Kirchhof的淀粉水解反应就是均相催化反应(液相),而合成氨反应就是多相催化反应,即反应物氢气和氮气在气相中,氧化铁催化剂则为固相。现在也有人提出,可以将生物酶催化看成是介于均相和多相催化之中的另一催化类型。[1~3]

这种"促进化学反应"的催化过程以及相应的催化剂在人们的生活中已变得无处不在。大到我们每天开车用的汽油的生产,汽车尾气的净化,小到各种塑料、纤维品的生产,以及我们身体每时每刻所需能量的摄取过程。举个例子,大家都知道我们每天开车用的汽油是从油田很深的油层中开采出来的,刚刚开采上来的原油是一种具有不同

---

* 作者单位为中国科学院大连化学物理研究所。

碳链长度的烃类分子的混合体,是黑色而黏稠的液体。化学工作者将这些混合物加到反应器中,经过一系列反应过程,使它们裂解成汽油(具有 8 个碳原子左右的烃类)和柴油(具有 16 个碳原子左右的烃类)以及烯烃和芳烃等化学品。这些炼制过程中的关键就是"催化",通俗地讲,就是用催化剂作为一把剪子,按照人们的意愿将含很多碳原子的长链分子剪成我们需要的汽油和柴油。早期工业中,这种作为"剪子"的催化剂主要是无定形氧化铝和氧化硅的混合物,利用它们的表面酸性来选择性地"裁剪"碳链中的碳-碳键。20 世纪中期,美国美孚(Mobil)公司的科学家发明了一种具有结构规整称之为分子筛(Zeolite)的催化材料。由于这种材料具有可调变的孔结构和酸性特性,使石油炼制的效率大大提高。据报道,仅在美国,由于采用了这种新的催化材料和催化技术,一年就可节省 6000 多万吨原油。

我国是一个液体燃料严重短缺的国家,现在我国使用的一吨油中已有半吨需要从国外进口。为了改变这一现状,科学家和企业家正在合作,希望能将我国相对丰富的煤通过一系列化学反应转变成油品,这就是我们通常说的"煤变油"。这一过程是首先将煤(主要为碳原子)通过气化转变成含一氧化碳(CO)和氢气(H_2)的合成气,然后从合成气出发制得所需油品。大家知道,汽油的分子含 8 个碳,柴油的分子含 16 个碳。要将含一个碳的 CO 变为油品,最关键的就是将碳原子按照人们的意愿连接在一起,这一过程中催化剂起到了决定性的作用。现在该过程中一般都采用铁或钴作催化剂,生成的产物包含了汽油、柴油在内的不同组分。

因此,催化剂既能像剪子一样选择性地将大分子的链剪断,也可以选择性地将小分子"焊接"在一起,制成我们需要的不同材料。

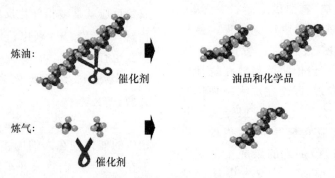

图 1　炼油和炼气中的催化

可以毫不夸张地说,在现代社会中,"催化现象"和"催化过程"已经渗入到了我们生活的方方面面。据统计,现代化工过程中有 85% 需要用到催化剂,其中多相催化占 80%,匀相催化占 17%,其余 3% 为生物催化,同时这些催化反应过程创造了各国 GDP 的 20%~30%。

二、催化的奥妙

判断一个化学反应实际上能否真正发生有两个重要的判据:一是从热力学方面

看,反应的自由能是不是小于零(即可能性)。如果是,则该反应有可能会发生;如果不是,则该反应在给定的条件下是不可能发生的。然而,热力学判定能发生的反应在实际体系中是否一定发生,还需要看它的动力学特性(即可行性)。也就是说,热力学上可能的反应,动力学上不一定可行;或者换句话说就是,原则上可以,但实际上很慢。例如大家都知道,氢气和氧气燃烧生成水的反应是热力学上的一个自发过程($\Delta H = 286$ kJ),但实际过程中,将氧气和氢气放在一起时,如果不施加外力,如点火、碰撞等,它们是不会反应的。原因现在大家都知道,氧分子和氢分子都比较稳定,不易发生反应。需将它们解离成原子,这就需要有一定的能量,我们通常称之为活化能。其定义是,将反应分子激发到具有反应活性的中间体所需要的能量。这种能量往往很高,如分子氧解离成原子氧的活化能为 496 kJ/mol,而室温(300 K)能提供的能量小于 100 kJ,不足以使氧分子发生解离。这一过程中要解决的问题是,如何越过这一能垒,使热力学上可能的反应变为动力学上可行的反应。我们日常生活也有类似的例子,一个人要到山那边去,当然如果你体力好,能量足,可以直接翻过去。但省力或是可行的方法还有很多,一种是借助外力,如电梯、缆车等,将你直接送到山顶;另一种是寻找一些其他途径,比如矮一些的山坳等,将翻一座高山变成翻几座小山坳,避免翻那么高的山。在氢氧反应体系中,你可以直接用光、热等外场,使分子激发到可以反应的高能态(类似于坐电梯到达山顶);另一种方法是加入金属铂,使氧气和氢气首先在金属铂表面吸附,并解离生成原子态物种,这种原子态物种具有很强的反应性,能迅速反应生成最终产物水。这一过程中,加入的金属铂就是催化剂。最基本的过程就是,分子氧和分子氢首先在金属铂表面吸附和解离,生成具有反应性的原子态物种。通过这一例子,我们知道,一种材料能作为催化剂至少要具备两个条件:一是要能与反应物发生相互作用(如吸附等),使反应物变为具有较强反应活性的中间体;另一个是这种相互作用不能太强,要恰到好处地使接下来的反应可以顺利进行。在上述氢氧反应中,如果吸附的原子氧在表面形成具有强相互作用的氧化物,则接下来与氢的反应就变得比较困难。所以,会形成表面氧化物的材料就不应该是该反应的理想催化剂,在实际过程(如燃料电池)中,要达到这种"恰到好处"的境界,一般都选用贵金属材料,如 Pt、Pd 和 Rh 等。

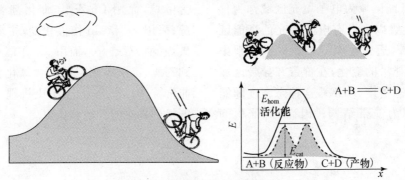

图 2　催化反应和非催化反应

人们在长期的催化剂筛选过程中积累了大量的经验，也总结出了诸如"火山曲线"这样的规则。简单来说，就是反应物种在催化剂表面的键合不能太强也不能太弱，要正好适中（就是在火山的顶端）。催化过程的特性在某种程度上决定于反应物及中间体与催化剂表面的相互作用。那么，在这一过程中又是哪些因素来决定反应物与催化剂表面的相互作用呢？为了很好地理解这类相互作用，简单起见，我们可以将催化剂看成一个"大分子"，将反应物与催化剂表面的相互作用看成是反应物分子与"催化剂分子"的反应。分子反应的"前沿轨道理论"认为，两个分子要成键必须符合轨道对称性匹配和能量匹配的准则。也就是说，只有轨道对称性和能量都匹配的两个轨道才能进行有效的电子转移，从而形成化学键。根据这一准则，在催化反应过程中，如果不考虑用外场改变反应物分子的特性，要实现对催化过程的调控，一个重要的方法就是调变催化剂"分子"的轨道特性。固体能带理论认为，大量原子聚集成固体材料后，由于原子间存在相互作用，原子固有的轨道能级发生离域和简并而形成所谓的能带：以电子半充满的 Fermi 能级为界，在低能区域为电子填充区域称为价带；Fermi 能级以上没有电子填充的高能区域，称为空带，通常也叫导带。根据体系中轨道数目随能量的变化，在价带和导带区域都有一定的态密度（DOS），这种态密度随能量的变化称为能带结构。因而，对催化"分子"轨道的调变实际上就变成了对催化材料能带结构的调变。如果不考虑影响催化的其他因素，如空间位阻、比表面等，我们可简单地认为催化剂的调控就是对催化材料能带结构的调变，套用一个时尚的名词，就是对催化材料实施"能带工程"。

三、创制优良催化剂

如何实现催化体系能带结构的调变？也就是说，在催化剂筛选过程中如何实施"能带工程"呢？最简单也是实际过程中最常用的方法是，为特定的反应筛选出特定的元素和化合物。我们知道，不同元素和化合物具有不同的电子特性，组成固体材料后也就有特定的能带结构。根据上述准则，人们当然可以为某一特定的反应筛选出相应元素和化合物所组成的材料作为催化剂。在实际过程中，确实有这样的实例，例如前面讲到的由合成气（一氧化碳和氢的混合物）催化制备高碳烃和化学品的 F-T 合成过程。我们知道，同样的反应物（合成气），反应条件（温度、压力）也基本相近，但采用不同元素和化合物作催化剂，获得的产物决然不同。例如，以 Ni 作催化剂，生成的产物主要为甲烷，而用 Cu-Zn 作催化剂就能得到甲醇；采用 Fe 和 Co 作催化剂，主要产物是高碳烃（油、石蜡等），而用 Rh 作催化剂则能得到乙醇、乙酸等碳二（C_2）含氧化合物。真是非常神奇！迄今为止，个中机理和原因还未能得到真正的理解和认识。

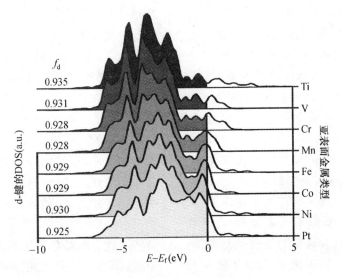

图3　添加剂调变催化剂的价电子特性[4]

单一元素往往很难成为一种有效的催化剂,实践中通常会根据某种元素的特性,搭配其他元素和化合物来达到最终的优化效果。人们通常形象地称这种筛选方法为"炒",也就是像厨师炒菜一样,淡了加些盐,咸了加些糖,要使味道更好还得加些味精和胡椒粉等。当然我们也不是乱"炒",有很多经验和科学的东西在指导我们。"炒"催化剂的一个最典型的例子是合成氨催化剂。1905 年,德国科学家 Fritz Haber 公布了由氮气和氢气合成氨的工作,当时他使用铁作为催化剂,但温度需要近 1000℃,而且要很高的压力条件,这在当时是不可能实现工业化的。为了解决这一问题,他们就决定要从催化剂上下工夫,通过提高催化剂的活性,将温度降低到 500℃ 左右,同时压力降低到 100～200 大气压。为了达到这一目标,很多人做了大量的工作,几乎将周期表中的元素都"炒"遍了。其中一个最有代表性的人物是当时在德国 BASF 公司工作的 Alwin

Mittasch。他组织了一个庞大的队伍,从 1910 年开始进行大规模流水线式的"炒"催化剂,据说他测试了超过 2500 多种材料组合,进行了 2 万多次试验,最终确定出以铁(Fe_2O_3)为主催化剂,K、CaO、Al_2O_3 和 SiO_2等为助催化剂的一种非常复杂的催化剂组分。这一成分的催化剂迄今已近 100 年,仍然是当今合成氨工业的主要催化剂。可见"炒"到一个好催化剂不容易,要改变它也不容易。这里还有一个小插曲,在这一合成氨过程中(有时也称 Haber-Bosch 过程),发明者 Fritz Haber 在 1918 年获得了诺贝尔奖,发明高压装置的 Carl Bosch 在 1931 年也获得了诺贝尔奖,但为这一过程做了大量工作、作出了重要贡献的 Alwin Mittasch 却未能获得诺贝尔奖。当时也有人鸣不平,但从这一点可以看出诺贝尔奖确实是注重原创。你做了大量工作,大家也都承认你很辛苦,但是对不起,奖还是不能给你。不过,对于一个团队和一个社会来说,不能都是为了拿奖,大量具体的工作还是要人去做。

前面讲了可以通过改变催化剂的组分来调变催化材料价电子的结构和分布,从而调变催化反应性能,这是我们最擅长也是实践中一直在用的方法。自从 20 世纪上半叶开始,人们开始注重催化剂理论的研究,提出了所谓活性中心的概念。随着一类称之为表面研究方法的发展,人们发现催化剂,特别是模型催化剂表面的缺陷、边角,都有不同的反应活性。随着研究的不断深入,大家发现,催化剂中暴露不同表面,催化活性差别很大。仍然以合成氨的铁催化剂为例,研究发现,有一种原子排列得非常紧密的面,我们叫(111)面,氮气和氢气在它表面反应生成氨的产率要比在较松弛的表面,如(100),高出 6 倍以上。这些结果反过来给人们一个启示,就是不一定需要加添加剂,即使同一种元素,选用不同的面也能起到调

变催化性能的作用。丹麦科学家J. Nøskov对这一现象进行了大量的理论计算和分析。他指出,对于主要用做催化剂的过渡金属和贵金属,它们的价电子实际上就是 d 电子,d 电子的分布往往决定了催化剂的性能。他将价带中的 d 电子密度进行积分加和,在能量尺度上就有一中心(称为 d 带中心),经过大量工作发现,催化剂的催化反应性能与 d 带中心的高度,即与 Fermi 能级的能量差有关。能量差越小,越容易提供电子,催化某些反应(如还原反应)越有利。我们知道,固体的不同表面都对应于不同的电子分布(态密度,DOS),根据上述理论,不同的表面具有不同的催化反应性能就变得顺理成章。这种采用不同的面来调变催化性能的例子很多,比如燃料电池中用的 Pt 催化剂,现在发现制备出更多(111)面暴露的催化剂,会有更高的催化活性。

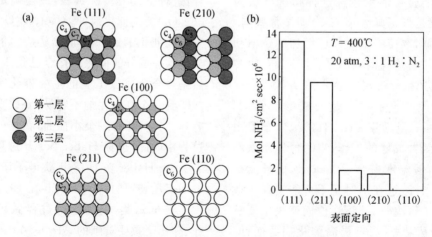

图 4　模型铁催化剂不同表面对合成氨催化反应的活性[5]

在这方面作出重大贡献的人物除了上面提到的 J. Nøskov,最具代表性的是德国科学家 G. Ertl 和美国科学家 G. Somorjai。

他们两位都是公认的表面催化研究的创始人,而且有趣的是,他们的主要工作都是研究用于合成氨的铁催化剂,两人都在催化剂

的活性中心、结构效应和电子效应方面作出了重大贡献。不同的是，2007 年 G. Ertl 教授获得了诺贝尔化学奖，而 G. Somorjai 教授遗憾地与该奖项擦肩而过，尽管如此，人们对他的工作和贡献都还是非常敬佩的。也很巧合，拿到诺贝尔奖的 G. Ertl 教授的主要贡献是配合理论型模型提出了合成氨的催化原理，而他恰恰来自因发明合成氨过程而获得诺贝尔奖的 Fritz Haber 所工作过的研究所。这一研究所现在叫 Fritz Haber 研究所，是德国马普学会的一个重要研究机构。

四、催化的"纳米"特性

前面我们介绍了两种调变催化剂、改变催化性能的方法。大家也许马上会问，有没有其他更简单、有效的方法来调变我们的催化剂呢？大家最近经常听到的一个词汇就是"纳米"，很多人也知道材料小到纳米尺度（通常为 1～100 nm）时，会出现一种有别于单个分子（原子）和宏观体系的奇异的物理化学性质，其中一个比较容易想象和理解的是能带分裂。大家知道，由大量原子组成的宏观体系的能带分布是连续的，但当组成体系的原子数减少到一定程度（尺寸到纳米量级）时，轨道间的相互作用发生变化，价带中的轨道分布不再连续，而发生分裂，根据纳米体系的状态，有时甚至可以出现类似于孤立原子的分裂的"轨道"，这种价带能级的分裂必将造成价电子分布和结构的变化。我们一直在讲，催化性能决定于催化剂价电子的特性。那么，这种由于材料的纳米化造成的价电子结构的变化也必然会导致催化性能的变化，这样就出现了另一种调变催化性能的途径，即纳米技术。

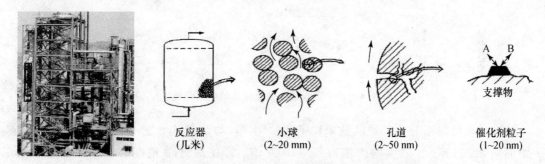

反应器　　　　小球　　　　　孔道　　　　催化剂粒子
（几米）　　（2～20 mm）　（2～50 nm）　（1～20 nm）

图 5　催化反应的活性中心实际上在纳米尺度[6]

说到纳米技术在催化中的应用，亦或说到"纳米催化"，懂得催化或长期搞催化研究的马上就要说，我们的催化反应历来都是在"纳米"尺度上进行的，现在你说"纳米催化"是不是有炒作之嫌？确实，催化剂真正发挥作用的部位，我们叫做活性中心，的确是在纳米尺度，更确切地说很多是在亚纳米（<10 nm）尺度上。比如，乙烯环氧化反应中的金属银催化剂粒子是在 50 nm 左右，燃料电池用的 Pt/C 催化剂中金属 Pt 粒子一般是在 2～5 nm，而很多生物酶催化剂的金属活性中心只有几个金属原子，还有石油炼制中的分子筛催化剂的孔道，直径一般都小于 1 nm。所以，"纳米"应该是催化剂的本征

特性。但是在"纳米"作为一个特定的科学概念被提出，并且通过物理学和其他多学科的研究被赋予特殊含义以前，催化研究者一般都是用"细粒子"和"超细粒子"的概念来描述催化剂的大小。尽管从物理尺度上来讲"超细"和"纳米"都是对小的描述，但概念上却有本质的区别。一般说来，"超细"是表示催化剂的粒子非常小，这样就导致了更大的比表面积、更多的表面缺陷和更多配位不饱和的活性中心，这就是当时普遍的对超细粒子催化剂的认识。然而"纳米"除了有大小的含义外，最主要的是代表了一种"纳米效应"，正如上面讲到的是有别于宏观体系的新奇的物理化学特性，这类效应往往不是尺度的线性函数，有时是"量子"的。催化剂电子特性的"纳米效应"是纳米化对催化剂调变的理论基础。因此，"纳米"提供了一种不改变催化剂组成，而能有效、定量地调控催化剂表面结构和电子性质的途径，从而使得在分子水平上对催化剂进行设计变得越来越现实。在这样的概念下，纳米催化的真正含义应该是，借助纳米科学的发展，加深对催化剂和催化过程的认识和理解；采用纳米技术，设计和制备新型催化剂，优化催化反应。

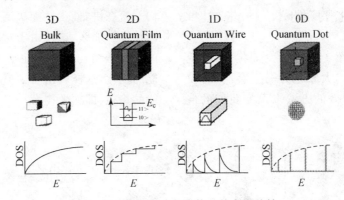

图 6　纳米限域效应调变体系的电子特性

纳米材料可以粗分为零维的纳米粒子、一维的纳米线（棒）和二维的纳米薄膜等。催化剂作为一类材料，纳米材料的这几种类型在催化剂中都有完美的显现。下面举两个纳米材料用做催化剂、显现出新奇特性的例子。

一个例子是纳米金粒子。[7,8]金是非常不活泼的，也就是说非常稳定，这也是人们用它来打制首饰的原因之一。铁是一类活泼金属，如果用铁来做首饰，在空气中就会生锈（与氧反应），恐怕不会有人戴这种首饰。即使是铜，在潮湿的空气中也会与空气中的杂质反应，生成铜绿或发黑。没有人会想到，当这种能保存几千年、能打制漂亮首饰的金被切割得非常小后居然有很高的催化反应活性。尽管以前也曾有科学家进行了零散的研究和报道，但最早发现这一现象并对它进行系统研究的是日本科学家 M. Haruta。1987 年 Haruta 报道，将金分割成 2～15 nm 大小的粒子，并担载在不同的金属氧化物,如 Fe_2O_3、TiO_2 等表面时,纳米金表现出了超常的催化氧化反应的能力;当粒子为 3 nm(约 300 个原子)时,甚至能在比室温低得多(零下 70℃)的湿度下催化一氧化碳氧化为二氧化碳,这一结果是人们以前根本无法想象得到的。大家知道,一氧化碳是有毒气体,冬天烧煤时通风不好(缺氧),若不小心就会造成一氧化碳中毒。通常消除一氧化碳主要是用贵金属,比如钯(Pd)、铂(Pt),而且还要有较高的温度。但没想到的是,当金被制成纳米粒子时,不但有贵金属的特性,而且在性能上还超出了一般贵金属。随后,很多科学家针对这一体系进行了大量的研究。一个有趣的发现是,本来具有连续价带的金属金,在纳米条件下出现了一个类似于半导体的、大约 0.4 eV 的带隙。大家认为,这种价电子结构的变化改变了一氧化碳分子在其表面吸附时的电子传递性能,从而导致了催化性能的变化。人们通过改变金纳米粒子的形状、与载体的相互作用以及添加其他添加剂等方法,来验证上述概念,并将这一体系逐步拓展到 NO_x 还原、水煤气转换反应和丙烯环氧化反应等过程,都取得了非常满意的结果。但是这些结果往往都是在实验中获得的,迄今为止还没有一例纳米金催化剂用于实际工业过程的报道。究其原因,主要是催化剂的稳定性问题。大家可以想一想,这么小的粒子,又这么活泼,要使它们在催化反应的温度和压力下保持纳米的尺度和形状确实是一件很难的事情。

另一个例子是纳米碳管(carbon nano-tube)材料。[9,10] 这是一种具有石墨结构,并按一定规则卷曲形成纳米级管状结构的孔材料,是自 20 世纪 90 年代被广泛研究的碳材料家族中的一个重要成员。依据不同的制备条件,碳管的内径可以在亚纳米到几十纳米之间调节。组成碳管管壁的石墨结构以一定的曲率卷曲后,通常意义上的大 π 键发生畸变,管内外电子分布发生变化,使碳管管壁附近的电荷发生分离,从而形成一种由管内指向管外的表观静电场。碳管内外存在的这种微小的电势差(估计在 0.05 ~ 0.2 eV左右)导致了纳米碳管一系列不同于其他碳材料的独特的物理化学特性。上面讲过作为重要化工过程的催化作用,其关键步骤涉及反应物分子与催化剂表面的电子传递。从原理上来说,纳米碳管内外的这种电势差将改变管内外电子转移特性,势必也会对催化反应造成影响。结果表明,分别被置于纳米碳管孔道内壁和外壁的金属氧化物的还原特性显示出明显差异。采用内径为4~8 nm 的多壁碳管,组装在其孔道内的氧化铁纳米粒子还原为金属铁的温度比位于外壁的粒子降低了近 200℃;随着所采用的碳管内径的减小,其还原温度同步下降。此外,在相同条件下,金属铁被氧化为铁氧化物的特性也受碳管内径的明显调制,管内金属铁的氧化反应活化能升高了 4 kJ/mol 左右。这意味着,在相同条件下,置于碳管内的金属铁的氧化(如腐蚀等)速率会被明显减缓。

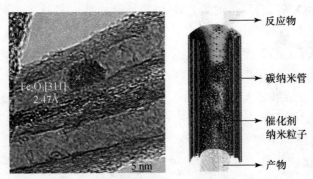

图 7　Fe₂O₃ 纳米粒子在纳米碳管孔道内外的组装和纳米碳管与纳米粒子"协同束缚效应"示意图[10]

对上述发现的一个成功的拓展是将金属铑（Rh）和锰（Mn）复合纳米粒子组装到纳米碳管孔道内,用做合成气转化制乙醇反应过程的催化剂,显示出了非常独特的催化性能。纳米碳管管腔内的缺电子特性改变了催化剂活性组分的还原性能,促进了一氧化碳分子在还原态 Rh-Mn 物种上的吸附和解离,从而大大提高了生成碳二含氧化合物（主要为乙醇）的产率。研究表明,组装在内径为 4～8 nm 的多壁碳管内的 Rh-Mn 催化剂,催化生成碳二含氧化合物（主要为乙醇）的产率明显高于直接担载在相同碳管外壁的催化剂;当添加金属铁和锂等助剂后,每小时在每摩尔铑催化剂上生成的乙醇量高达84 mol。综合分析大量表征结果后人们提出,这类复合催化剂所表现出的独特催化性能是纳米碳管和金属纳米粒子体系的"协同束缚效应"所致。这一概念已被进一步拓展到涉及催化加氢的众多反应体系,如合成液体油、合成烯烃、合成氨以及氢氧燃料电池等,取得了很好的成果。研究人员希望通过研究纳米碳管对金属催化性质的调变作用,探索在某些特定体系中实现用廉价金属替代贵金属的可能。

催化剂是化学研究中的永久主题,只要有化学反应,就如何加速反应的问题,就需要研究催化剂。催化剂在化工生产、能源、生命科学以及医药等众多领域都发挥着重要作用。尽管在研究人员的努力下,已经成功研制出无数种催化剂并广泛应用到相应的工业生产,但对于催化剂的奥妙所在,也就是作用原理和反应机理尚未完全搞清楚。因此,我们还不能完全随心所欲地设计某一特定反应的高效催化剂和催化过程,研究催化剂及相应催化过程的科学还需要进一步的深入和发展。

参 考 文 献

[1]　Ertl G, Knözinger H, Weitkamp J（Eds.）. Handbook of Heterogeneous Catalysis［M］. Weinheim：VCH, 1997.

[2]　Thomas J M and Thomas W J. Principles and Practice of Heterogeneous Catalysis［M］. Weinheim：VCH, 1997.

[3]　Gates B C. Catalytic Chemistry［M］. New York：Wiley, 1992.

[4] Kitchina J R, Nørskov J K, Barteau M A, Chen J G. Modification of the surface electronic and chemical properties of Pt(111) by subsurface 3d transition metals[C]. J Chem Phys, 2004, 120: 10240—10246.

[5] Somorjai G A. Introduction to Surface Chemistry and Catalysis[M]. New York: Wiley, 1994.

[6] Bell A T. The impact of nanoscience on heterogeneous catalysis[C]. Science, 2003, 299: 1688—1691.

[7] Haruta M, Tsubota S, Kobayashi T, et al. Low temperature oxidation of CO over gold supported on TiO_2, α-Fe_2O_3, and Co_3O_4. J Catal, 1993, 144: 175.

[8] Chen M S, Goodman D W. The structure of catalytically active gold on Titania[C]. Science, 2004, 306:252—255.

[9] Chen W, Fan Z L, Pan X L, Bao X H. Effect of confinement in carbon nanotubes on the activity of Fischer-Tropsch iron catalyst[C]. J Am Chem Soc, 2008, 130(29): 9414—9419.

[10] Pan X L, Fan Z L, Chen W, et al. Enhanced ethanol production inside carbon nanotube reactors containing catalytic particles [C]. Nature Materials, 2007, 6: 507—511.

我 与 化 学

——从北京到伯明翰

李可心

北京大学光华管理学院金融系　　00528002

这不只是我与化学的故事,也是我与她,她与化学之间的故事。当然当然,这首先全部都是真实的故事。

一、起

我匆匆奔进"魅力化学"课的教室,那是一个明媚秋日的下午。

我意识到我已正式远离化学两年零三个月,那个下午高考刚刚结束。

而整整三年前,我还在为全国中学生化学竞赛一心奋斗,化学对我而言只是他人对我的期望而已,而之后,期望没有达成。

现在的我,不知从何时起,学会了称自己为文科生;不知从何时起,似乎淡忘了那次失败带给我的刻骨铭心的痛。我学金融,似乎周围许多人梦寐以求。

她乘坐的航班起飞,消失在我的视线里,也是在一个明媚秋日的下午。

她与化学相伴整整两年,过着典型化院学生的生活。在实验室站整整一天,写各种各样的实验报告。这趟航班的目的地是英格兰,等待她的将是材料科学。

而整整三年前,甚至再往前,她说过她想在大学学文科,化学只是高考的三分之一门。然而,高考的小小失手后,她远走上海,化学开始占据她大学生活的许多篇幅。

现在的她,不知从何时起,习惯了典型理科的日子;不知从何时起,似乎不再提起我现在觉得无比玄妙的博弈论。她学化学,现在是材料,似乎前途光明。

二、承

我在北京,她在伯明翰,我们唯一的联系方式是电子邮件。神奇的是,曾经我的麻木她的抱怨随着邮件的一来一回逐渐消失了,我们开始把化学与一个看上去可能不太搭界的形容词联系在了一起——"魅力"。

当然,这神奇变化的实质还在于邮件的内容:我告诉她我选了一门很有趣的"魅力化学",她告诉我是材料科学告诉了她化学可以做许多事情,而站在材料科学系学生的角度回望化学,那种属于纯理科的单纯与专注真的非常美好。

于是,我不断给她讲我在课上听到的新奇有趣的知识与故事,她则一直告诉我作为两年化学系学生对化学的怀念以及作为刚入学的材料科学系学生对化学新的认识。我开始很期待收到她的邮件，读她的邮件，就好像在上每周的第二第三节"魅力化学"课一样，使我对化学之魅力的了解，一层层加深。

三、转

以下才是重点，我也要开始讲她告诉我的那些故事，和"魅力化学"课一起，促成我们对化学认识的转变，或者使得我们开始理解化学的"魅力"的那些故事。

1. 洗发水的故事

她说现在回想起来，那是她第一次觉得化学很有魅力。这种感觉曾被之后繁重的实验与课业淹没掉，在我们热烈的讨论中，终于重见天日。

那是她刚刚进入化学系在大学里完成的第一个化学实验，是一个纯粹的兴趣实验——制珠光洗发香波。她说，那个时候她觉得实验室的一切都很神奇，特别是第一次见到了煤气喷灯和打火枪。老师告诉她们，可以根据配料表做适合自己的洗发水：头发干燥的，可以加点乳化剂；头屑多的呢，则可以加一种清除效果好成分；如果不需要保存两个月以上的话，是可以不加防腐剂的，这样更健康；至于洗发水的味道，当然可以挑喜欢的香精，她说她不喜欢味道浓的，于是挑了个淡的。

在感叹这个实验的有趣，甚至自己也想做一做的同时，我不禁开始了新的思考：之前买洗发水的时候，总是跟着广告走，从没想过这些洗发水的成分到底是什么？有没有对人体有害的物质？某些物质会不会超标？也从来没有想过那些很好闻的味道——熏衣草、西番莲、茶花……其实不过是各种各样的人工香精罢了。市场上五花八门的洗发水背后，到底藏

着什么呢？我开始继续探究洗发水的故事。

近年来洗发水市场飞速发展，各大品牌之间的竞争无比激烈，联合利华、宝洁两大国际日用化学品巨头摆开长长的产品线阵势针锋相对，号称拥有最新法国去屑技术的清扬叫板海飞丝，力士、夏士莲与潘婷、飘柔对市场份额也是寸土必争。其他国际品牌如花王、国内品牌如飘影，均虎视眈眈，妄图见缝插针。各种品牌的洗发水，在包装设计及营销手段方面均煞费苦心，看得消费者眼花缭乱。但其实说到底，其最主要配方无非有三——具有去污功能的表面活性成分、养护成分以及香精香料。

就洗发水中的养护成分来说，不排除有些产品中确实加入了植物等天然成分，但相当一部分产品加入的是与某种药物、植物具有相同功能的化学成分，而那浓浓淡淡的馨香，自然也源于此。

提到她所说的神奇去屑成分，我觉得很有可能是现在市场上洗发水广泛使用的广谱抗真菌药——酮康唑(1-乙酰基-4[4-[2-(2,4-二氯苯基)-2(1H-咪唑-1-甲基)-1,3-二氧戊环-4-甲氧基]苯基]-哌嗪)，为合成的咪唑二噁烷衍生物，对皮肤真菌、酵母菌(念珠菌属、糠秕孢子菌属、球拟酵母菌属、隐球菌属)、双相真菌和真菌纲具有抑菌和杀菌活性。由于酮康唑是抗真菌药物，频繁使用会刺激头皮，分解、剥落那些干燥、疏松的皮肤表面，反而会加重头皮屑呢。我了解到，正确的去屑方法是一周洗发不宜超过三次。而且，头屑在清洗过程中是不能溶解的。也就是说，头屑靠洗是洗不掉的，去头屑靠的是控制新油脂的产生和分泌，过度的清洗反而还会破坏头皮层起保护作用的油脂。还有，动物长期毒性实验表明，酮康唑可使碱性磷酸酶明显上升，肝细胞变性，显然不宜过于频繁地使用。

酮康唑

不得不提的，还有她说到的防腐剂——"如果不需要保存两个月以上的话，是可以不加防腐剂的，这样更健康。"如果是小瓶洗发水，一家三口一起使用的话，那么显然过不了两个月就会用完。然而，几乎所有洗发水，保质期都在三年，也就是说，它们都添加了防腐剂。因为商家知道，消费者看到瓶底那一行距现在甚远的数字日期，会更放心地拿起这个瓶子。

卡松是美国 Rohm and Haas 公司推出的含有卤素的异噻唑啉酮类化妆品防腐剂。由于成本仅为对羟基苯甲酸酯类的 1/3 而得到普遍重视。20 世纪 80 年代，化妆品中卡松引起接触性皮炎在包括瑞典、芬兰、意大利、德国、荷兰等欧洲国家流行。目前，欧洲、美国和日本等国家和地区的化妆品卫生法规都限制卡松只能在用后冲掉的产品中使用，而不能在存留在皮肤上的产品中使用，而我国《化妆品卫生规范》却并无此限制。在对深圳市市售化妆品防腐剂使用现状调查中发现，洗发水中防腐剂使用频率最高的就是卡松，为 58.62%；其次为苯甲酸，为 24.14%。卡松在洗发水中的超标情况为 76.47%。即使洗发水属于用后冲掉的产品，这也不得不引起人们的关注。

由于洗发水是起清洁作用的表面活性剂和其他成分的混合物，一旦被长期打开储存的话，其中的甲醛就会与洗发水使用的乳化剂（她之前给我讲过，记得吗？对付干燥发质的）

一起产生化学反应形成一种叫做"N-亚硝基双乙醇胺"的致癌物质。因此，在对待防腐剂没有超标的长保质期洗发水时也不能大意，不用的时候要及时扣好盖子，用的时候也要随取随盖。这样想来，那种按压式瓶体设计似乎有一些不安全呢。

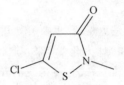

含氯的异噻唑啉酮

N-亚硝基双乙醇胺

为迎接化学系新生而准备的简单的小小实验，就可以制成合适好用的洗发水。那么可以想见，洗发水的成本应该并不高。而事实也正如我所料，据透露，市场上比较多见的 250 毫升或 300 毫升的瓶装洗发水，其实际原材料成本不过几元钱。它们往往以高于成本 5 倍以上的价格卖出，这其中包括研发、广告、推广等费用。而美发店销售的产品由于产品的生产成本、费用相对更低（关键是质量没有保证，各种有毒化学物质很容易超标），即使比外面的同类商品便宜，其利润也还是可观的。

小小一个化学实验的故事，牵出了那么一大串故事。在探讨与探索中，我学到了很多化学知识、生活知识，还懂得了一个道理——"只买对的，不选贵的"。洗发水还是适合自己发质的最好。现在想来，当时跟着广告走的自己，使用了大打营销牌的清扬结果严重过敏的惨状，不禁莞尔。

记得某位同学曾跟我说，化学都是跟有毒物质打交道，跟污染打交道的，不适合女孩子学。现在我可以肯定地告诉他，这个论断是错误的：学习化学的过程中的确不免会跟有毒物质打交道，但更好的理解有助于更好的防护，化学系的同学对健康的食品、用品以及生活方式的理解，比其他同学更科学、客观、理性。至少我认为，比起我自己，她过着更为健康的生活。这，应该是化学闪着魅力光彩的小小好处吧。

邮件故事的最后她告诉我，那次"研发"的洗发水真的很好用，而且每个人的都是最适合自己的，独一份的，化学系的女孩儿们内心充满了成就感与喜悦感。她说那个时候周围所有化学系的女孩儿都希望自己将来亲手制作属于自己的化妆品，直到现在她们学校化学系的精细有机（和化妆品、日化品制造很相关）教授手下都不会缺人呢。

望着电脑屏幕上除去这封邮件之外，满屏我刚刚查到的有关洗发水成分研究的资料，不禁感慨，原来化学真的很美、很有魅力啊。

2. 人工心脏瓣膜的故事

"我导师把我推荐给一个女教授了。春假可能就不回来了，如果我能琢磨出来在钛合金晶格的那部分掺杂合适的元素，可能机械瓣膜的表面腐蚀就会好很多，植入身体的时候寿命效果都能好一点。我和这个女教授一起探讨，她现在就在做两部分：一部分怎么让汽车腐蚀小点，一部分怎么让植入身体的钛合金腐蚀小点。我觉得还挺有劲……"

这是她到了英国之后发生的故事，也是她意识到的"化学的功用"最重要的之一。我对于"机械瓣膜"一词非常好奇，因为我的表妹就是先天性心脏病的患者。化学对于人类健康的贡献，不仅仅限于层出不穷的新药物，这个

"魅力化学"课上也提到过。

在之后的几封邮件中，她详细地讲了更多有关人工心脏瓣膜的故事。

"机械心瓣膜的寿命很长，也比较便宜。但是用这个太容易血栓了，每天要用药物控制血栓问题。我觉得抗血栓药是不能多吃的，因为有回看节目就有人溶栓溶得心脏大出血去世了。而且因为是机械材料，有的是钛合金加了层PU之类的，人体非常容易排斥，并且噪音相对大一点。

组织心瓣膜则是从动物的组织上得到的生物心瓣膜，寿命大概只有几年，但是排斥小，对人体适应好，无血栓问题。

但是机械便宜，好生产。中国绝大多数都是机械瓣膜，这样价格也会比较容易让大家接受。但是，我觉得，那也得多为人体着想一下多出点人搞组织啊。中国在机械瓣膜上设计很落后，更新实验也在等着国外来做。我们总结的各种机械新设计，比如三瓣膜设计、半开合的系统，都是日本、美国、德国做的。"

随后我了解到所谓机械瓣膜（mechanical valve），瓣的主体由人工材料制成，如钛合金、热解炭等，植入后必须终生抗凝治疗。

根据我查到的资料，目前应用于临床的大部分机械瓣膜都采用了热解碳（pyrolytic carbon）涂层，它具有优良的理化性能和组织相容性，至今尚未有其他材料可替代。

她告诉我说，这是因为，对比起石墨而言，热解碳的无序性较高，使层间的无序、变形机会比较大（记不记得石墨很规律的层间结构靠很弱的范德华力维持？）。这种无序能让材料的持久性变得很好，而且热解碳的再加工性能比较好。

"Pyrolytic carbon is often used for inner ring or tilting disc. This material belongs to the family of turbostratic carbons, which have a similar structure to graphite. Graphite consists of carbon atoms that are covalently bonded in hexagonal arrays. These arrays are stacked and held together by weak interlayer binding. Pyrolytic carbon layers however, are disordered, resulting in wrinkles or distortions within the layers. This gives the material improved durability compared to graphite. ”

——摘自她的报告

继续查资料，我发现：St. Jude 公司曾在

1997 年后推出的 Silzone 系列机械瓣膜，其缝环含有银离子，有助于抑制感染的蔓延，虽然在 2000 年因其他问题被召回，但它还是体现了很好的设计思想。目前，还有一些新材料、新工艺和新的瓣膜正在研发中，比较引人注目的是软质材料机械瓣 3，也称为人工柔性瓣叶心脏瓣膜（synthetic flexible leaflet heart valve）。这种瓣膜采用柔性的高分子材料如聚氨酯（PU）

$$O=C=N-R^1-N=C=O + HO-R^2-OH + O=C=N-R^1-N=C=O + HO-R^2-OH + \cdots\cdots \longrightarrow$$

$$\cdots\cdots -\overset{\overset{\displaystyle O}{\|}}{C}-\overset{\overset{\displaystyle }{|}}{\underset{\underset{\displaystyle H}{|}}{N}}-R^1-\overset{}{\underset{\underset{\displaystyle H}{|}}{N}}-\overset{\overset{\displaystyle O}{\|}}{C}-O-R^2-O-\overset{\overset{\displaystyle O}{\|}}{C}-\overset{}{\underset{\underset{\displaystyle H}{|}}{N}}-R^1-\overset{}{\underset{\underset{\displaystyle H}{|}}{N}}-\overset{\overset{\displaystyle O}{\|}}{C}-O-R^2-O- \cdots\cdots$$

做成三个瓣叶的结构，血流通过是接近生理的中心流，而且这种材料具有良好的血液相容性和耐久性，植入后只需少量，甚至不需进行抗凝治疗，使用寿命大大增长，可以说是一种极有前途的瓣膜。

“PU is a polymer, which can exist in two forms, either Polyetherurethane, PEU or Polyetherurethane urea, PEUU. Polyurethanes are used as they have a high toughness and are able to endure grinding and aging with little wear. Polyurethanes are outstanding in fatigue strength, flexibility, and strength when compared to silicone rubber. ”

——摘自她的报告

她们做的 case study 是有些选择性的：先是把热解碳选做心脏瓣膜的内部或内层材料，然后外部选择的是钛合金（因为惰性比较好，强度又高，强度质量比值比较高，挺轻的，还容易塑形），这个技术用得特别多，很成熟，非常好。

她说，现在也有人开始做硅树脂。它的最大优点是承受压强好，这样可以承受心脏回血

的高压强，而且弹性模数也低（“其实本来高分子很多都是不错的，用在生物材料里也多。但是有些机械特性有问题，比如做心脏瓣膜你就不能用个压缩特性好的……”）。

读到这些，再回想她之前的邮件，我想到很多。社会责任感也好，救死扶伤治病救人也好，在她之前的两年可能从来没有想过吧。她告诉我，她常常在想，如果那个时候，有多点人告诉她化学究竟是用来做什么的，或许她今天还坚定无比地跟物化、分析奋斗着。

但我想其实没关系的，她已经知道化学究竟可以用来做什么了，并且她真的开始在做了，她学材料，但是从来也没有离开过化学吧。

几周后，我收到了她无比兴奋的邮件：

“做心瓣膜 case 的时候很用心，我还做了 presentation，那是我的英国 presentation 处女秀。我在一点半最后敲定了关于临床和材料反馈的所有方案，两点钟就要做 presentation 了，英国组员临时决定让我说。你说我可能会诸如左心房血栓血管动力学之类的词么？但是我还是去做了，而且答了很多问题呢。

我觉得我说到关于生物学名词的时候那

音节分得……不知道英国人能不能听出来是一个词。但是心情很好,如果可以选择,做生物瓣膜实在是太有劲了!"

我仿佛看到了她激动的笑脸。这时,我想起了高中毕业时,老师惋惜地对我说你应该继续读理科的。到现在我终于明白了:化学真的可以做许多事,用自己的双手,做出新的东西,然后帮助别人,这种感觉一定很好。如果倒退三年我能知道这些,也许现在的我会完全不一样?

当然,她感到兴奋的原因其实不止这些,这让我感觉当时她被调剂到化学系根本不是造化弄人,而是冥冥之中上天给了她一次机会:她曾在聋儿康复中心度过小学前的时光(当然她的听力没有任何问题),直到现在她一直记挂着那些生活在无声世界的孩子们。她说她一直想做出最先进的助听器来,让他们听到这个世界。现在,这扇门以及门后的机遇,很清晰——基于化学和材料的基础,做有意义的事情。

她现在尽可能多地去关注一些博士生和research staff的项目。比如她的导师的一个博士生就是做指关节的材料:用高分子硅烷。她还特地约她聊了一个钟头。她现在感兴趣的是:如何能让一些材料传导生物信号或者传导声学信号。最近,她还在联系学电子的人,想看看他们有没有人跟材料这边联合做项目,研究她梦想的助听器。

这真的是很美好,我衷心祝愿她可以成功。

3. 过去和现在的实验室的故事

是我让她讲讲实验室的故事的。在"魅力化学"课上,自从那个和蔼可亲的英国教授Prof. David G. Evans给我们介绍了五光十色的有趣实验之后,就有同学向老师提出要参观

实验室,我也是非常想去的。不过由于种种原因,这个愿望没有实现。我想,去不了实验室,不如听听站实验室的人讲讲实验室的故事吧。

"讲哪个实验啊? 美好的,还是不美好后来又觉得美好的?

美好的就如同制洗发水,从茶叶提取咖啡因,还有制阿司匹林什么的。因为觉得比较有用。

不好玩的一大堆,经典代表就是有机实验。我有很多东西甚至连名字都记不上来,就记得这实验大概跟哪个人名反应关联了一下……

有机实验的感觉就是,早晨7点半到场开始洗仪器查仪器听初步讲解,然后人一窝蜂就涌上去抢东西。没办法,谁让实验比产率比速度呢。女同学比较不擅长抢,比如压钠丝的时候,等她们拿到钠丝的时候男生都做了40分钟了。

然后就是搭仪器装置把东西加到瓶里,搭啊搭烧啊烧……有时候要足足烧两个钟头,还要记录实验现象,非常枯燥。大部分这种等待时间都用来准备下一步操作,比如配溶剂拿冰水浴什么的。反正等待的时间和做的时间差不多,很多时候是连续实验不能吃饭,我们是让其他系的人帮我们带点吃的或者干脆不吃。运气好的时候可以骑车冲到超市买一点吃的,然后坐在楼梯上吃,我们这种实验室是不会有椅子的。闻着一大堆化学试剂味儿还吃得津津有味。

实验课安排在每周五,过了周五人都不会动了……

我只记得我每周四晚上都超级紧张,准确地说,我的紧张应该是从周三开始的。因为实验的压力对我们而言是太大了,如果数据不好,都没有重做的时间。实验失败就意味着你整学期白做了。还有的时候有的人为了实验

快一点不注意实验操作守则提前蒸乙醚。那一阵我对中国最优秀的化学科学分子都失望透了，特别恐惧自己在有机实验室被炸掉。

然后各种恐惧因素导致我一实验就胃痉挛，每周五早上6点半必靠药物维持，要不然我肯定做不完。药物对我们而言并不陌生，我的室友曾经痛到没有办法站立。实验中午就舍掉吃饭时间去买了一排止痛片吃了平时两倍的量继续下午的实验，这种事比较平常……"

这是她有关过去实验的回忆。她们班上有许多奥赛获奖者甚至金牌得主，他们只是在重复很早以前就已经搞定过的东西，轻车熟路。然而她是阴差阳错去的化学系，高中甚至没有碰过竞赛……差距，强度，竞争，压力……也许化学实验并不美好，甚至化学也不美好？

然而，她说，后来想来，这只是"只缘身在此山中"的困惑，她没能很好地领略到化学实验这座山真正的样子。

到了英国，依然有实验，她是这样描述跟前文所述的那位女教授所做的研究的——"纯的钛特别贵，但是这玩意特别好使。所以现在飞机引擎、F1齿轮箱要么用钛合金做，要么在碳纤维里掺入钛合金。但是钛合金可能会被腐蚀，那怎么让它腐蚀低一些呢？就往里面掺少量惰性元素，比如铂。我在做的就是四组样品，一个钛合金99.99%纯度，一个里面加了点铂，一个里面加了点铁，一个既有铂又有铁。然后本来是粉末的，要加工样品压样品，casting and hiping，抛光到看不到划痕。一边抛光一边随时用普通光学显微镜观察，然后换用高倍显微镜观察，计算机摄图，SEM观察。再etching，然后观察摄图。主要是希望初步了解掺入元素的微观结构分布和划痕的可能性。因为如果有了划痕，腐蚀就会加剧，然后划痕继续加剧……"

可以注意一下前文她对过去的实验的描述，不难发现感情非常不一样。也许是站得远些，才能看得清楚些。也许是新环境里新的学术氛围，让她顿悟了什么。总之她似乎开始看到山了。

那么，到底为什么呢——

她说，因为在以前做实验的时候，实验讲解部分比较少。甚至常常是在她还完全没有学过某种人名反应，或者某种经典化学滴定法，或者重量法的时候就要去做某个实验。当时对实验内容的理解非常浅，实验很多问题的思考往往并不基于实验观察本身，实验报告更像是一个记述过程而不是思考过程。

现在的实验基本不太要求记述实验过程本身，而是偏向于注重实验原理的理解和对实验结果的观察：通过实验结果的观察让你评论一堆东西。书上往往差不多，而且很多问题是猜测加思考。

比如说她做的和钢铁有关的实验，看了20个左右样品，每个样品都要配观测图。通过观测图阐述退火的和没退火的区别在什么地方、为什么同组样品碳含量不同现象会不一样，根据所看到的某一组A样品和B样品现象猜测哪一个的奥氏体加热温度（austenising temperature）高，还有诸如看到什么地方出现划痕说明什么、猜猜这个金属表面的几何位错应该是什么样子之类的问题……实验套路是应该先描述再解释，但解释是一件非常困难的工作，因为需要抱一堆书慢慢翻……但是这么做的话，她感到对实验的理解变得深刻得多了，起码不会做了就忘了（很遗憾的是，她没有拍她实验室的照片）。

似乎她跟我说得最多的，还是实验，这个曾经让她恐惧的东西：她说这里的实验让她觉得单纯且安心，仿佛研究改进了点什么，就真的可能为社会做点什么。她说她发现宝洁生产品客薯片、联合利华旗下拥有和路雪时觉得很神奇。当我给她讲过黄建滨老师研发金鱼领洁净和蒙牛酸酸乳的故事的时候,她可以说是非常兴奋,连连称赞金鱼领洁净比国外超级品牌的同类产品要好用很多。

她也开始理解那些之前觉得"不知所为"的实验——"虽然有很大的压力,但确实快乐,确实让人觉得有种单纯的幸福……有时候觉得科学家常常莫名地搞出很多很可爱的东西却没有理由,我个人是很喜欢。因为很多科学奇迹都是一个接一个的偶然。有时候只是我想做,没有什么利益驱动,可能就能革新人类社会。"

在那边,她的实验大部分都是观察实验,她说她不是很喜欢,因为她已经爱上了亲自动手的感觉,而不是单纯地听讲解。我想,她爱上的不仅仅是亲自动手的实验,而是实验背后的化学。那些一看就有用的,无疑是美丽的,即使是看上去不知要干什么的,也会是可爱的。一场实验从开始到结束,不亚于艺术家呕心沥血地创作精美的艺术品,当然,最后的心血结晶不是绘画不是雕塑也不是乐曲,而是产物、数据,以及种种同样充满魅力的东西,对于那些学化学爱化学的人,现在,也对于她,也对于我这个外行人。请回想一下 Prof. David G. Evans 展示的那个彩虹实验,难道不是么。

在她圣诞假期归国的前夕,我又收到了一封邮件,这次是她主动提到了实验:"我明天玩太阳能电池实验,啊哈!"

她已经是彻底地被实验,被化学的魅力折服了吧,其实我也是。

四、合

日子还在继续过着,"魅力化学"结课的日子马上就要到来了,而她,也要回国了。在不舍这门课的同时,我觉得我应该是比班上的不少同学要幸运的,因为还有另外一位老师,以她亲身经历的故事,为我上着另一门"魅力化学"。

我们不知道如果退回到三年前,我们会如何重新选择,当然,也不存在这样的机会。但是,起码我们在自己选择的道路上前进着,之前所谓的遗憾,在更多的学习与理解中,已悄然化解开、挥发掉了。

大一一开学,我就把曾经用于准备竞赛的一大摞大学化学专业课的教科书,交给了另一位考入北大化学与分子工程学院的高中同学。我确实是没有机会再认真投入深入地学习化学了,但这不妨碍我去感受它,理解它,去体味它的魅力,去爱它。

而她,我最好的朋友,未来应该是离不开化学了吧。我认为这很美好,她自己似乎也开始这样认为了。她是希望能多做一些有用的事,而我,衷心祝福她的人工心脏瓣膜研究、她的助听器研究,以及很多很多她未来会进行的研究,都能取得丰硕的成果。初出茅庐的年轻艺术家,只要有爱与激情,也是可以创作出令世人惊叹的艺术品的吧,我,坚信。

后记:首先,我要再次申明故事的真实性,整理资料前后真的花了超过一个月的时间。其次,我发现题目改为"我与化学与学化学的人"似乎更为合适,哈哈。

感谢我高中最好的朋友,复旦大学化学专业、英国伯明翰大学材料工程专业双学位培养对象——米娜同学,对我完成本文的各种帮助。

还要感谢"魅力化学"课上精彩讲演的各位化学学院的老师,以及非常辛苦的寇元老师,还有助教们。这个学期我学到了很多,谢谢,化学真的很美,很有魅力。

我 与 化 学

——从火龙果与酸奶的搭配说起

王春茵

北京大学中文系　00620046

我喜欢自己动手做些小吃的美妙心情，在学校条件有限，平时也就做做水果沙拉以自娱了。有一次我准备好了火龙果却没有买到沙拉酱，灵机一动换了红枣酸奶加到里面，结果口味很是融洽，大受室友赞赏！从此"火龙果＋酸奶"成为我的"保留曲目"。

有一天我带着独家的"餐前甜点"到学院路上的筷乐家园餐厅，正吃得开心却被同桌的一位老先生（后来得知是地质大学的退休教授）提醒这样吃不科学——水果中含有的草酸会与牛奶中的钙形成草酸钙沉淀，不仅影响钙的吸收，而且草酸钙积累多了容易形成结石！"不过，口味好嘛！"老先生笑着说，"偶尔吃吃不碍事的。"

这次火龙果与酸奶的搭配，带来了餐桌上一场宜人的畅谈，也触发我开始思考生活中食品搭配的问题：有多少营养美味的食品因为我们的错误搭配产生化学反应，从而影响营养物质的吸收甚至危害到身体健康呢？我开始收集这方面的资料。

在 Google 上搜索"食物搭配"，出来约805 000多个相关网页，其中绝大多数是谈食物间不宜搭配的，直接冠以"食物搭配禁忌"的就有近三分之一。比如：

> 胡萝卜与白萝卜——同食影响维生素 C 的吸收。
>
> 甲鱼与芹菜——同食可使蛋白质变性影响营养吸收。
>
> 香菜与黄瓜——同食使维生素 C 遭破坏。
>
> 醋与南瓜——同食时醋酸破坏南瓜中营养成分。
>
> 白菜与兔肉——同食使优质蛋白遭破坏。
>
> 鲤鱼与狗肉——同食可产生不利于人体的物质。
>
> 蜂蜜与蟹肉——同食降低营养价值。
>
> 虾与大枣——同食可转化为砒霜，有剧毒。
>
> 西红柿与土豆——同食会腹痛、腹泻。
>
> ……

将这些信息集合在一起可以组成一份"食物搭配禁忌大全"，内容几乎涵盖了蔬菜水果肉禽的方方面面，什么食物和什么食物不能搭配吃，会损失营养，会有毒，或者会产生致癌物质……其中大部分"禁忌"没有解释或者解释很含混，但还是有一些打着科学的大旗摆弄着严谨的化学名词，对一般人尤其是我这样学过一点化学正一知半解的人尤其具有杀伤力。

但是——

"禁忌"似乎太多了，凭着我可怜的化学知识想想，假设 A 和 B 会反应生成 C，两种食物中分别含有 A 和 B，吃下去就一定会生成 C 么？反应可能需要特定的温度、酸碱条件；食物中可能还含有另外的 D，E，F，…会抑制反应的发生；或者，A，B 的含量仅占食物的百分之几，损失一点也不会有什么影响……

怀着对这些说法的谨慎态度，我试着从化学反应的角度——反应的条件、反应的环境、反应的量来观察生活中食物搭配的化学反应问题。下面是我考察的几种影响很大的"搭配禁忌"。

一、海鲜＋水果

我的家乡宁波是沿海城市，海鲜在餐桌上是必不可少的，和水果时不时会碰面，例如比较正式的酒席会摆上水果，自己在家的时候也会在两餐之间吃个水果。大概是在初中的时候，我听到了海鲜和水果一起吃会中毒的说法，大致是说海鲜尤其是虾里面往往富集了一些砷，以五氧化二砷（As_2O_5）的状态存在。本来五价砷毒性较小，但是如果在吃海鲜的同时吃水果等富含维生素 C 的东西，就容易被 V_C 这样的还原剂还原成三价砷，而三氧化二砷（As_2O_3）就是我们闻之色变的砒霜！还有一些媒体的负面报道和影视作品如《你在微笑我却哭了》、《双食记》等都不断地加深着人们的恐惧。

这一条"禁忌"说的道理没错，但也并没有传说的那么恐怖，仿佛见血封喉的毒药似的，关键还是在一个"量"上。

$$As_2O_5 + 2C_6H_8O_6 \longrightarrow As_2O_3 + 2C_6H_6O_6 + 2H_2O$$

上面是这个过程的反应式，其中：

$C_6H_8O_6$结构

$C_6H_6O_6$结构

先来看看反应物砷，它的含量要看水产到底污染到什么程度以及吃海鲜的数量。各种水产品，包括虾、小龙虾、河蚌、牡蛎、各种蛤类、螃蟹等，都有被污染而富集砷的危险，如果水产品出自污染很小的水域，就不会含有大量的砷。我国目前鱼类砷含量的标准是0.1 mg/kg。

接下来看看反应物维生素 C，它的量要看水果的维生素 C 含量和食用的水果的量。资料表明，猕猴桃和鲜枣含有较多的维生素 C，以100 克水果来计算，猕猴桃含 420 mg，鲜枣含 380 mg。其他含量较高的水果是：草莓含 80 mg，橙含 49 mg，枇杷含 36 mg，橘子含

30 mg，而香蕉、桃子各含 10 mg，葡萄、无花果、苹果各自只含 5 mg，梨仅含 4 mg。如果只是半个苹果、几片香蕉里面那么一丁点维生素 C，是不足以还原产生大量三价砷的。

最后再来看看生成物三氧化二砷。砒霜的 LD_{50}（Lethal Dose 50%，半数致死量）为 15 mg/kg。一般认为，100～200 mg 的砒霜有致命危险。从我国的鱼类砷含量标准0.1 mg/kg 来看，如果吃合格的水产，那么即便吃 10 公斤，也不会发生急性中毒。

由此可见，只要不是大量地同时食用海鲜和水果，是不会产生砒霜中毒的，完全没有必

要产生恐慌。倒是有一部分肠胃虚弱的人,如果吃大量寒性的海鲜,再吃大量寒凉的水果,容易引起腹泻腹痛的问题。这是一个还需要详细研究的机理,却与还原砷的反应无关了。

不过维生素 C 片中的维生素 C 含量就远非一般水果能比了,吃海鲜之后不要紧接着吃维生素 C 片,仍不失为一个底线的安全建议。

附记:

从这个问题的探究中我发现一个更为严重的问题,不在于还原砷的反应,而在于水产品本身受到的污染。五价砷本身也是有毒的,只不过毒性为砒霜的十分之一以下。慢性砷中毒可能引起多种癌症,并损害脏器,其危害不可忽视。而且这些污染水产品中很可能还含有其他化学污染物,比如汞、镉、铅、有机氯、多氯联苯等。海鲜中毒事件的发生,恐怕更多地在于海产品污染超标过多。如何使水产减少污染,如何保证水产品国家标准的严格执行,是一个需要国家、企业、个人都严肃对待的环境问题和社会问题。

二、豆浆＋鸡蛋

这条“禁忌”的“理论依据”是:生豆浆中含有胰蛋白酶抑制剂,它是一种抗营养因素,会妨碍人体肠道中的胰蛋白酶对蛋白质的消化。所以豆浆和鸡蛋不能一起吃。如果这一条“禁忌”成立的话,将会影响到我们丰富的早餐搭配——豆浆＋煮鸡蛋,豆浆＋鸡蛋饼,豆浆＋鸡蛋灌饼,等等。

我所知道的人体内酶的活性温度一般在体温上下,那么这个胰蛋白酶抑制剂呢?

大豆中含有的胰蛋白酶抑制剂,能抑制人体蛋白酶的活性,使人体不能好好地消化和吸收蛋白质,因此黄豆中蛋白质的消化率

不高,仅有 65％。但是,胰蛋白酶抑制剂并不耐热,如果煮沸超过 8 分钟将有 90％以上失去活性。黄豆经过水泡、磨浆和加热后,胰蛋白酶抑制剂被破坏,蛋白质消化率大大提高,豆浆的消化率可达 85％。胰蛋白酶抑制剂不仅在大豆中含有,在其他食物如棉子、花生、油菜子中也存在,都可以通过加热灭活。

可见,这条禁忌成立的前提是:豆浆没有煮透,胰蛋白酶抑制剂大多没有失活,因此会妨碍蛋白质的消化吸收和利用。熟豆浆和鸡蛋就可以放心地搭配。

三、牛奶＋糖

牛奶不能加糖煮,这也是很早就听到过的一种说法,从来没有人说为什么却仿佛成了一种公理。小时候,妈妈在为我煮牛奶时就很注意这一点了。

想到这一点后我上网查了一下,发现给的解释真是十分耸人听闻呀:牛奶中的赖氨酸与糖在高温下会发生一种叫美拉德的化学反应,生成一种有毒物质——果糖基赖氨酸,危害人体健康,而且对儿童危害更大。

看完这个解释我不禁想到了市场上各种乳饮料,一般盒装的保质期长达几个月,不可能不经过高温高压灭菌处理,如果牛奶加糖加热后会产生有毒物质的话,这些产品岂不是都不能饮用?

要揭开这条搭配禁忌的秘密,我想关键还在于正确理解美拉德反应。

美拉德反应又称为非酶棕色化反应,是法国化学家 L. C. Maillard 在 1912 年提出的。美拉德反应是广泛存在于食品工业的

一种非酶褐变,是羰基化合物(还原糖类)和氨基化合物(氨基酸和蛋白质)间的反应,经过复杂的历程最终生成棕色甚至是黑色的大分子物质类黑精或称拟黑素,所以又称羰氨反应(见文献[2])。

美拉德反应在食品的加工和长期储藏中是非常普遍的现象。焙烤面包产生的金黄色、啤酒的黄褐色、酱油的棕色、原料挂糊上浆经油炸后的金黄色,都是美拉德反应的杰作。一般影响这一反应的因素有羰基化

$$C_{12}H_{22}O_{11}+H_2O \xrightarrow{H^+} C_6H_{12}O_6(葡萄糖)+C_6H_{12}O_6(果糖)$$

在纯水中此反应的速率极慢,通常需要在 H^+ 离子催化作用下进行。反应发生需要的酸性条件在煮牛奶的过程中较难达到。

另外,也可以看一下温度和水分的条件,美拉德反应通常在水分较少、糖和蛋白质浓度较大、温度较高的情况下才会快速发生。平常加热牛奶到 $100℃$ 几分钟,即将沸腾便已停火,美拉德反应并不容易发生。只有在高压锅中压 20 分钟以上,才会看到牛奶颜色微微加深的效果。

那么,如果煮的时间过长,真的发生了美拉德反应,会产生有毒物质么?

在美拉德反应中,牛奶中的氨基酸与糖结合会产生果糖胺类物质,也就是所说的果糖基赖氨酸,这种结合产物不易被酶利用,营养成分不易被消化,最终会带来赖氨酸和游离氨基酸的轻微损失。果糖胺虽然不能被人体吸收,却并不属于高毒物质,微量存在时无需担心。平时在烤面包的硬皮部分,就会产生这类物质,伴有大概 $10\%\sim30\%$ 的赖氨酸损失。

由此可知,所谓"牛奶加糖煮便产生果糖基赖氨酸从而有毒"的说法,纯属夸大其

合物的种类、氨基化合物的种类、温度、水分、pH、褐变阻剂。在这里只需考察一种反应物即可说明问题。

还原糖是参与美拉德反应的主要羰基化合物。一般来说,五碳糖的褐变反应速度快于六碳糖(约为 10 倍);还原性双糖类(乳糖、麦芽糖等)因分子较大,反应较慢;非还原性双糖(也就是一般加到牛奶里的蔗糖)需要水解成单糖后才可能参加这种反应。蔗糖的水解反应方程式是:

词。无论牛奶是冷是热,加糖都无妨。

附记:

通过这个例子的探究,我了解了"美拉德反应"这个在生活中随处可见的化学反应,并且终于知道了薯片毒性的来源:温度在 $120℃$ 以上的时候,美拉德反应可能引发丙烯酰胺的产生,也就是炸薯片里的那种"丙毒",而且随着温度升高,产生的数量会越来越多。

四、草酸+钙

这一组就涉及最初引起我思考这个问题的"火龙果+酸奶"组合了,还有其他草酸和高钙食物的搭配如"水果+牛奶",小葱拌豆腐,菠菜煮豆腐等。

草酸普遍存在于草本植物中,常以钾盐的形式存在。草酸在人体内不容易被氧化分解掉,经代谢作用后形成的产物,属于酸性物质,可导致人体内酸碱度失去平衡,而且草酸在人体内如果遇上血液中的钙便容易生成草酸钙:

$$HOOC-COOH+Ca^{2+} \longrightarrow (COO)_2Ca+2H^+$$

由于上述反应一方面使食物中的钙质得不到有效的吸收，另一方面增加患结石的隐患（草酸钙是形成泌尿系统结石的最主要成分），就出现了叫停小葱拌豆腐等传统搭配的呼吁。

但是，如果不和含钙食物一起吃，植物中草酸不是会被人体直接吸收吗？吸收后不是更容易和人体血液中的钙结合形成结石吗？

我国医学界调查证明，摄入较多的钙有利于预防肾脏和尿道的结石生成。也就是说，吃了含草酸较多的食物之后，如果不吃高钙食物，结石的危险反而更大。美国专家甚至建议，最好把高钙食物和草酸食物一起吃，以促进草酸在肠道中形成沉淀，避免被人体大量吸收。

可见，高钙食物和草酸食物搭配吃，虽然会浪费一点钙，但是形成的草酸钙随粪便排出体外，减少了部分被肠胃吸收和经肾脏排出体外的草酸，从而减少了形成肾结石的概率。所以不必在"草酸＋钙"这个搭配上产生过多担心。

附记：

鉴于草酸对人体的不利影响，最关键的还是减少草酸的摄入量。日常生活中含有较多草酸的蔬菜：菠菜每100克里含有606毫克草酸，木耳菜含1150毫克，苋菜里含有1142毫克，空心菜里有691毫克。这些蔬菜一般经过焯水可以去除大部分的草酸。除蔬菜外，茶、花生和坚果类、巧克力、草莓、麦麸等也含有较多草酸。另外，人体内过剩的维生素C也会转化成草酸，所以要注意补充维生素C不要过量。

以上四例是我个人曾经被迷惑过的，在无数次重复之后我开始敬畏地遵守这些"禁忌"，而忘记了所谓"禁忌"的来源和道理所在。经过资料的收集整理和自己谨慎的思考，我发现很多所谓"禁忌"在化学理论上根本站不住脚，有的甚至十分荒谬！

我想，在面对这些化学名词和专家建议堆积出来的食物搭配"禁忌"时，我们要放下对专家的盲目迷信，对媒体的信息多一份谨慎和独立思考。通过对化学反应的条件、机理以及量的质问考验，许多谣传都将不攻自破，饮食生活当中也就少了一些顾虑，多了几分自由。在这个过程中，还能学会科学的思维方法，并体验独立思考的乐趣呢！

参 考 资 料

[1] http://health.sohu.com.

[2] http://baike.baidu.com/view/596149.htm/fr=lingoes.

[3] 杜克生,编著. 食品生物化学[M]. 北京:化学工业出版社, 2002.

[4] John Emsley. 分子探秘——影响日常生活的奇妙物质[M]. 刘海峰,译. 上海:上海科技教育出版社, 2001.

[5] 龚秀英. 科学颠覆食物搭配错误观念[C]. 东方食疗与保健, 2008 年第 7 期.

[6] 欧阳健明. 草酸钙结石研究中的化学基础[C]. 化学通报, 2002 年第 5 期.

我 与 化 学

——兴奋剂探讨

张 楠

北京大学数学科学学院　00601056

"化学"是个孩子。她离我们到底有多近？仔细回忆一下，我们会发现自己身边就经常出现她的身影。从日常生活中的衣食住行到社会目前普遍关注的环保问题，调皮的"化学"在上面都留下了自己的痕迹。怎样才能领略化学的魅力？让我们跟在"化学"的后面，重新感受世界。

一、导　引

我是一个体育迷，关注的体育比赛项目十分丰富。体育是人类文明发展硕果，它带给人类的不仅是身体的健壮，还有意志品质的磨砺与升华。无论从个人的竞技还是团队之间的合作，我都十分享受体育带来的快乐。同时，我也看到，化学在体育竞赛中扮演了重要角色。先进的器材设施，高科技的运动装备，根据运动员身体机能建立起来的训练和康复机制……"化学"不但依靠其在材料研究中的"先天优势"发挥作用，还联合她的亲姐妹——"生物"，一起为运动员的出色表现提供帮助。

但"化学"毕竟还是个孩子，一不小心就被那些居心叵测的人利用了。于是，体育运动这片圣洁之地出现了"化学"的污迹——兴奋剂！

二、扼腕叹息说案例

兴奋剂自其出现以来，作为一种短期提高体育成绩，但对身体造成极度危害的药物，已经像幽灵一样附着在人类体育运动的许多领域，玷污了人类崇高的体育精神。但正像一位国际奥委会委员所说，只要竞技体育存在一天，消灭禁药就是一句空话。据调查，有不少运动员在夺取金牌少活几十年与正常训练之间，会选择前者。反兴奋剂斗争如暴风雨般涤荡世界体坛，纵然不能将之变为一方净土，却也冲刷出不少污垢。

自行车运动的盛事——环法大赛，近年来关注度越来越高。可原因说来不大好听：禁药！七届冠军得主美国人阿姆斯特朗头上的兴奋剂阴云尚未散去，后辈2006年新科冠军兰迪斯又掉进了药罐子。药检呈阳性的他旋即被瑞士峰力听力系统车队除名。冠军奖牌还没捂热就被收回，兰迪斯不仅使自己声名狼藉，还让环法自行车赛再次遭受重大打击。

Marion Jones，号称地球上跑得最快的女人，历史上第一个获得5枚奥运奖牌的田径女选手,人们曾把所有美好的词汇赋予了这位29岁的非洲裔美国女性。可是今天,当我们再提起这个名字时,舌尖溢出的却是复杂难辨的味道:那是她屡遭感情挫折的酸,是她惹上兴奋剂丑闻的涩,更是她失去"上帝"眷顾、不复当年神勇的苦。这个曾经在塑胶跑道上统治一切的女人,在人生的跑道上举步维艰,陷入了难以摆脱的漩涡。眼泪汪汪的她最终被宣判终生禁赛,从此告别了田径跑道。

新近震惊世界的兴奋剂丑闻当属美国职业棒球大联盟(MLB)了。在美国,棒球被看做"国球",棒球运动员和职业棒球大联盟在美国人的心目中有着很高的地位。不过近日,美国棒球界爆出了迄今为止世界体坛最大的兴奋剂"毒瘤"。调查显示,职业棒球大联盟30支球队无一幸免,都有选手使用兴奋剂。美国国会参议院多数党前领袖乔治·米切尔公布了他对美国职业棒球大联盟使用兴奋剂的调查。米切尔说,美国棒球界十多年来一直在使用合成代谢类固醇。在报告中,仅被米切尔点名使用过兴奋剂的球员就多达82位,其中不乏在美国家喻户晓的"本垒打王"邦兹等。此次丑闻不同于以往,牵涉的主体不仅仅是一两个球员,而是整个联盟。国会因此承诺将对棒球界的兴奋剂丑闻展开一次公平、可靠、彻底的调查。

上天给了他们过人的天赋,而他们却想得到更多,于是兴奋剂在贪婪的人的簇拥下走上历史舞台。飞人坠落,环法蒙羞,国球受辱……一系列丑闻的罪魁祸首都是兴奋剂。它如同"化学"的影子一样,伴随着化学科学的发展逐渐强大,形成了自己的家族。

三、"茁壮成长"家族史

兴奋剂的发展和在体育中的采用,与奥林匹克精神中公平竞争的内涵针锋相对、水火不容。它的存在就是对奥林匹克精神的极大挑战。为此,国际奥委会在这个魔鬼的身上刻下烙印:兴奋剂就是指那些为提高竞技能力而使用的能暂时性改变身体条件和精神状态的药物和技术。使用兴奋剂不仅损害奥林匹克精神,破坏运动竞赛的公平原则,而且严重危害运动员的身体健康。目前已被列入兴奋剂家族的成员有七大类:刺激剂类,麻醉剂,蛋白同化制剂,利尿剂,掩蔽剂,肽类激素及其模拟物和类似物,抗雌激素活性制剂。

从家族年龄辈分上算,刺激剂当属元老。它是最早被使用,也是最早被禁用的一类兴奋剂,是最原始意义上的兴奋剂,因为只有这一类兴奋剂会对神经肌肉产生真正的"兴奋作用"。刺激剂作用于中枢神经系统、心血管和呼吸系统,增加耐力与力量,减少疲劳,使运动员的行为和能力立即得到调整,使运动员更具攻击性,从而提高运动成绩。20世纪70年代以前,运动员所使用的兴奋剂主要都属于这一类。1994年世界杯足球赛的决赛阶段,阿根廷足球巨星马拉多纳就是因为被查出服用属于刺激剂范畴的麻黄素,而被国际足联逐出了世界杯。

麻醉剂常见的有吗啡、乙基吗啡、杜冷丁和可待因等。这类药品原本为医用,主要是通过直接作用于中枢神经系统而抑制疼痛的产生。有些药品有刺激作用,另外一些则有镇静或抑制作用。

蛋白同化制剂,又称合成类固醇,除了具有增加肌肉块头和力量,并在主动或被动减体重时保持肌肉体积的作用外,还具有雄性激素的作用。此外,还可加快训练后的恢复,有助于增加训练强度和时间。

利尿剂虽不具有直接兴奋作用,但它可通过大量排尿来减轻体重。许多竞技项目是按运动员体重来进行分组的,如举重、摔跤、柔道、拳击等。减轻体重意味着运动员可以参加较轻量级项目的比赛,无疑大大增加了夺取金牌的可能性。同时,运动员大量排尿能稀释尿液中的兴奋剂,使浓度降至规定的限度以下,以此蒙混过关,所以利尿剂也在禁用之列。

其他类型兴奋剂都有其各自特点,如β受体阻滞剂、红细胞生成素(EPO)、人体生长激素等。有趣的是,像铁、镁、维生素、葡萄糖、果糖等正常营养物质也被列入名单。原来,国际奥委会规定竞赛运动员以非正常量或通过不正常途径摄入任何生理物质,只要是企图以人为和不正当的方式提高竞赛能力都定义为使用兴奋剂。看来兴奋剂并不仅仅是在实验室成长起来的"罂粟",日常接触的营养物质只要过量也难逃法网。事实上,深受大家喜爱的可乐等运动饮料也或多或少存在"兴奋剂"的成分,但因为量少也就不被称做兴奋剂了。否则,现实生活也太危险了。

四、针锋相对论检测

正所谓"魔高一尺,道高一丈"。随着兴奋剂种类的丰富、技术的改良,对兴奋剂检测技术的要求也越来越严格。这时,"化学"这个小天使又来了,她要为她过去的疏忽进行补救。尽管兴奋剂这个化学的异型产物已发展得愈发强大,但"化学"还是能以她无穷的魔力与之抗衡。于是,我们看到兴奋剂检测技术的革新与重压下兴奋剂的被迫转型。

自国际奥委会在1964年奥运会上首次实行兴奋剂检查以来,国际上一直采用的是尿检。直到1989年,国际滑雪联合会才在世界滑雪锦标赛上首次进行血检。迄今为止,尿检仍是主要方式。而血检只是作为一种辅助手段,用来对付那些在尿样中难于检测的违禁物质和违禁方法。由于国际体育组织坚定了反兴奋剂的立场,并不断加大反兴奋剂的力度,这就使服用兴奋剂的人转而使用不会被查获的其他类药物。今天的兴奋剂也许并不比20年前兴奋剂能更好地提高成绩,但却更能隐蔽自己。因此传统的检测手段需要更先进、更精密的仪器。目前已研制出的高分辨磁质谱仪是世界上检测灵敏度最高的设备,可以检测出每毫升尿中2 ng的药物代谢残留物。在此技术发展过程中,"化学"运用同位素质谱的方法,并找来了"物理"等帮手,把芯片技术引入到检测方法中,有效地改良了技术,使得传统方法对外源性兴奋剂的监测日臻完善。

兴奋剂的转型带来了新的问题。如今已不能仅仅用传统的尿检来证明运动员是否使用了违禁药物,尤其是内源性药物。于是"化学"给出了一种可行的全新的药检方法。这种方法能够准确无误地检查出运动员是否服用了EPO,而在过去,这种违禁药物是最难被传统的药检方法检查出来的。这种经人工基因重组技术生产的药物,与人体自然生成的红细胞生成素几乎没有区别。它是调节人体红细胞繁殖和分化的主要激素,由于它能增加附含氧气的红细胞的形成,从而增强人体的耐缺氧能力。对于内源性EPO和重组EPO,两者结构虽然非常相似,但它们在糖化程度及唾液酸化程度上略有区别,而唾液酸化程度对EPO的电泳行为会有比较大的影响,因此有可能通过电泳方法区分出天然EPO与重组EPO。但目前对EPO的监测仍十分复杂繁琐,相信很快EPO就再也不能逃过奥运竞赛正义的双眼了。

五、严肃认真谈危害

毫无疑问,兴奋剂有害于健康。至少目前

人们没有发现既能提高成绩,而又不损害身体的兴奋剂。由于兴奋剂的主要功能是用强加的方法来改变身体的机能,而这种改变必将导致身体的平衡遭到破坏,造成自身原有的功能受到抑制,进而形成人体对药物的长期依赖,甚至导致猝死的发生。科学研究证明,使用兴奋剂会对人的身心健康产生许多直接的危害。使用不同种类和不同剂量的禁用药物,对人体的损害程度也不相同。一般说来,使用兴奋剂的主要危害有:严重的性格变化、产生药物依赖、细胞和器官功能异常、产生过敏反应、损害免疫力、引起各种感染(如肝炎和艾滋病)。特别令人担心的是,许多有害作用只是在数年之后才表现出来,而且医生也分辨不出哪些运动员正处于危险期,哪些暂时还不会出问题。再者,使用兴奋剂是不道德的。运动员使用兴奋剂是一种欺骗行为。使用非法药物与方法会让使用者在比赛中获得优势,这种违法行为不符合诚实和公平竞争的体育道德。运动员们不再处于平等的同一起点,竞技体育也就失去了它的内涵与意义。

国际奥委会前主席萨马兰奇说:"使用兴奋剂不仅仅是欺骗,也是走向死亡。首先是生理上的死亡,即通过使用不正当的操作手法,严重地、不可逆地改变人体正常的生理作用。其次是肉体上的死亡,正如近年来一些悲剧性事件所表明的那样。此外,还有精神上和理智上的死亡,即同意进行欺骗和隐瞒自身实力,承认在正视自我和超越自身极限方面的无能和不求进取。最后是道德上的死亡,也就是拒绝接受整个人类社会所公认的行为准则。"

六、分门别类讲预防

就目前来看,兴奋剂问题依然像一片阴云,笼罩在世界体坛的上空,阴魂不散般地渗透到各项赛事之中。纵观体育世界,有些运动一直陷入兴奋剂丑闻无法自拔,而有些运动则相对远离这肮脏的药罐子。在百年环法中,让我们见识了兴奋剂无处不在,而同样是全球运动市场上数得上的 NBA 联盟,却很少见兴奋剂事件,这又是为何呢?据我个人分析,像在田径、自行车、游泳、举重等体力耐力要求极高的项目中,普遍存在一战成名、一场定成败的现象,破了世界纪录、夺取一次重要比赛的冠军便可名垂青史。而 NBA 则不然,它更看重的是球员整个生涯的成败。每个赛季长达 82 场的比赛考验的是球员长期训练出的效果,如果靠每场赛前嗑药的话,恐怕早就一命呜呼了。再者,篮球这项运动更多的是靠身体的协调性与稳定的投篮手感。刺激剂使人肌肉效率更高但会降低命中率,而抑制剂会使人放松却又不能适应比赛中激烈的身体对抗。因此,兴奋剂不太适用于篮球运动。但这并非绝对,兴奋剂还是适合那些在场上只需要拼抢篮板的"蓝领工人"的。1999 年就有这么一个例子。此外,不可否认,NBA 相当严格的药检有效避免了类似美棒球联盟的丑闻。其他较少出现兴奋剂丑闻的领域还有:智力技巧性的棋牌、体操、乒乓球等。

七、展开想象看未来

就目前兴奋剂发展方向来看,未来体育比赛很可能会遭遇到基因兴奋剂的强劲挑战。基因兴奋剂是指人们将根据需要对某种基因进行改造的做法。例如,通过注射,可以让运动员身体的某一局部在短期内长出强健的肌肉,这样就十分有利于投掷选手了。

由于巨大利益的驱动,兴奋剂的研制可能

永远不会止步。很难说兴奋剂的研制与检测技术是"魔高一尺,道高一丈"还是"道高一尺,魔高一丈"。有时我会想,要是有一个技术绝对领先的实验室,先是研制出一种新型兴奋剂,昧着良心牟取暴利;再将检测方法提供给检测机构,塑造良好的社会形象,可谓双赢。但愿这不会成为现实,毕竟化学在正义的科学家手中才会发挥无穷的能量啊!

科学是一柄双刃剑。化学,作为科学家族中的一分子,也免不了遭人误解。而体育运动永恒的魅力就在于在大家达成共识的规则框架内,完美地展示人类体能和技巧。我真心希望以后在竞技场上,看到的都是化学美丽的舞蹈,而不是兴奋剂留下的猥獭的黑影。

后记:关于这篇论文的选题,一方面出于我对体育运动的热爱,一直对兴奋剂问题有一个朦胧的思考;最重要的是在"魅力化学"的课堂上,刘虎威老师对兴奋剂知识的深入介绍让我明确了主题,从而查找资料,进行了以上略显肤浅的个人分析。

出于对化学的喜爱,我选修了"魅力化学"课程。这门课让我大开眼界:不再被繁琐的方程式淹没,我走向了化学研究的前沿,真正领略到化学的魅力。从寇元老师对课程的精心雕琢,David的趣味实验,黄建滨老师如演讲般的激情澎湃,到巴斯夫大中华区总裁先生对化工企业的全方位介绍……化学学院教授展示出的风采令人赞叹。有如此认真负责的教授群,"魅力化学"这门课一定会越来越精彩!

参 考 文 献

[1] 刘虎威. 从911恐怖袭击谈起."魅力化学"第四讲课件.

[2] 联合国教科文组织.世界反兴奋剂条例.

[3] 哥本哈根反运动禁药宣言

[4] 中国网,www.china.org.cn

我 与 化 学

——浅析汶川大地震中的化学问题

何西龙

北京大学政府管理学院　00732062

2008 年 5 月 12 日 14 点 28 分必然将在泱泱中华的浩瀚历史长河中永久定格,因为是在此刻我国四川的汶川发生了里氏 8.0 级的特大地震自然灾害,继而波及全国各省。这曾在相当长的一段时间里深深牵动着所有中华民族人民的心。

我翻阅了一些资料,尝试着从化学的角度对地震进行一些更加深入的了解。

一、大背景——地球化学

高中曾经学过,地球是一个庞大的自组织系统,它是由大气圈、水圈、生物圈、地壳、地幔和地核组成。其中每一圈层性质不同,并处在不断的运动变化中。地震的产生则是由于地壳的运动发生了异常,是短时间内地壳构造急速变化的结果。而地球化学是研究地球的化学组成、化学作用和化学演化的科学,它是地质学与化学、物理学相结合而产生和发展起来的边缘学科。其中地球化学最重要的研究领域就是研究原子与离子在地壳中的运动,而这种研究对地壳运动的异常能给出相当的解释,同时也能够对一些由地壳运动异常引发的自然灾害(例如地震)给出预测,这种预测无疑是对我们的生活有着重大相关性的。

如果只是针对地震来说,地球化学的研究重心是应该放在地球和地质体中的元素及其同位素、气体、一些特殊离子的组成,定量地测定元素及其同位素、气体、特殊离子在地球各个部分和地质体中的分布,观测元素及其同位素、气体、特殊离子的迁移、富集和分散,然后是要分析这种分布、迁移的异常,最后是估算这种异常发生的原因,而后是对一些即将发生的现象进行正确的预测。

二、地震的预测——水化学扮演的重要角色

元素及其同位素、气体、离子等的分布、迁移需要在一定溶剂的溶解下才能顺利完成,而大自然中最多的溶剂就是水,即水应该是这些元素和离子的最大的载体。因此,水化学对地震的研究起到了莫大的作用,而这种作用又着重体现在对地震的预测中。

地震研究中存在四种探讨地震前兆的指标:一是地下水质成分的变化,例如 K^+、Na^+、Ca^{2+}、Mg^{2+}、CO_3^{2-}、F^- 等的异常;二是地下水中气体的变化,例如 H_2、CH_4、He、

CO_2、O_2、N_2 等的异常;三是地下水中放射性同位素的变化,例如 $^4He/^3He$、H/D、$^{18}O/^{16}O$、$^{13}C/^{12}C$、$^{238}U/^{234}U$ 等的异常;四是断裂带的地气雾的变化,例如 Rn、He、Ar、H_2、SO_2、H_2S 等的异常。[①]

那么,地壳运动的异常为什么会导致这些地下水中的元素、气体和离子的变化异常呢?原因大致有三:

第一,地球内部本身是一个沸腾的世界,在这个世界中存在很多沸腾物质,它们形成了一定的热流并稳定运动着。如果地壳运动一旦发生异常,这些热流物质就会流入新的地方,特别是容易与一些岩石发生直接接触。而这些岩石由于在高温作用下活性很强,就容易发生各种各样的化学反应从而使一些元素、气体、离子含量发生显著变化,并在一定程度上迁移。

例如:

(1)水蒸气在高温下对氧化铁作用形成氢,其反应如下:

$$2FeO+H_2O =\!=\!= Fe_2O_3+H_2$$

(2)碳酸盐加热后分解出 CO_2,其反应如下:

$$CaCO_3 =\!=\!= CaO+CO_2$$
$$MgCO_3 =\!=\!= MgO+CO_2$$

(3)在有水蒸气的情况,黄铁矿受热后形成硫化氢和元素硫,其反应式如下:

$$FeS_2+H_2O =\!=\!= FeO+H_2S+S$$
……

可以看出,正是由于这些在高温下发生的化学反应导致了地下水层中的化学物质发生了异常,而这种异常通常是可以通过一定的方法手段测量的,一般只要测到了这种异常,就

能够估计出地壳运动出现了异常,从而进一步对地震作出预测。

第二,地壳内部存在一种地应力,即是地壳内部物质相互挤压而产生的一种力,这种力本身是普遍存在的,而且会在地壳运动异常的过程中相伴随着也发生异常。这理解起来应该很简单,地壳运动异常了,那么地壳内部物质相互挤压得更厉害了,所产生的形变压力自然也就变大了。通常在地震发生前地应力会集中在某一地区,并且处在一个不断加强的过程中,而一些岩石在地应力的作用下受压发生形变,就使得岩石中的水和气在形变压力作用下发生了明显的变化。通过对这种气的测量就能反映出地下深部的地震信息。这种气的变化则主要体现在二氧化碳、铀、氡等的变化。例如氢气来自地下,来源单一,是惰性气体,不参与化学作用,因此它的含量很少,往往可灵敏地反映出地应力的大小。

第三,地壳中存在一定的放射性元素,这些元素会发生元素衰变(具体表现为核裂变或者核聚变,释放出巨大能量),有的质子数发生变化最后变成了其他元素,有的则是中子发生变化变成原来元素的同位素。而当地壳运动发生异常的时候,也就是地震即将来临的时候,地壳内部存在巨大的能量,而这些能量最主要的来源就是地球内部重元素衰变放出的核能。所以对地下水中的元素及其同位素的含量、分布、迁移的侦测也对地震的预测具有相当的意义。

综合以上三者原因以及现实科学检测的技术要求,在侦测地震前兆的映震灵敏组分中比较活跃的物质有氢、氦、二氧化碳、汞、氡、硅、氟等。

---

① 资料摘于:高文学,等著.地球化学异常[M].北京:地震出版社,2000.

至于为什么国家地震局并没有及时地对这次汶川大地震作出正确的预测,应该说我们国家的地震侦测技术还有待提高。

三、一些地震现象的化学解释

民间有一些俗语是描述地震来临之前的自然现象的,例如有一句话叫做"鸡飞上树狗哀嚎,老鼠搬家四处逃"。意思就是说,动物在地震前都会表现出各种各样的异常行为,而对这种异常行为的关注已不仅是民间老百姓所为了,目前它已经被正式纳入地震系统监测体系,并作为提前进入灾前预警的参照。例如在这次汶川大地震发生前的5月9日,汶川附近的绵竹市西南镇檀木村出现了十万只蟾蜍集体迁徙,这应该是大自然的一种异常现象,只是当时没有引起地震局专家的足够重视,否则预测出这次灾难并采取一定的防救措施,最后能在一定程度上降低地震造成的灾害也未可知。

可是为什么大自然的动物会对地震来临做出一定的反常行为呢?这取决于地震发生前会发出一些频率的波,其中电磁波和次声波是动物最敏感的。比如人耳听不到的次声波,几乎能被所有动物感应到。由于次声波的传播速度,比地震监测仪器能察觉到的因素更快,因此,动物们能够提前受到刺激,并做出紧张、逃逸、求生的行为。而地震发出一些频率波的本质原因则是地壳运动过程中一些元素及其同位素在相互转换之中伴随着能量的释放和吸收,然后就以一些频率波的形式发出,这些频率波中一些低频波又首先被动物所感知,所以才造成了动物行为的异常。

此外,在地震来临的时候还有一些显著的自然现象,例如河、泉、井水上涨或干涸,井、河、泉水发浑、冒泡,水味、水质、水色发生变化,水汽升腾等异常现象。也许前面河、泉、井水上涨或干涸可以理解为地震中地质构造的变化,但是后面的井、河、泉水的发浑、冒泡,水变色变味的原因则是由一系列的化学反应引起的。

例如其中的一种解释:地震时会使地壳中一些含硫矿石发生反应生成大量的单质硫,大量硫溶于水中,硫在一定条件下与水又发生反应,便使得水呈强酸性,同时放出有刺激性气味的二氧化硫气体,未参加反应的硫溶于水后也会使水变浑变色。

化学方程式如下:

$$FeS_2 + H_2O = FeO + H_2S + S$$
$$3S + 3H_2O = 2H_2S + H_2SO_3$$
$$H_2SO_3 = H_2O + SO_2$$

四、地震后灾疫的防护

俗话说:"大灾后必有大疫"。在发生"5·12"汶川大地震这种历史罕见的自然灾害以后,对灾疫的防护更是成了一个首先要解决的问题,以确保大灾之后无大疫。而在对灾疫的防护过程中,化学原理的运用起到了不可替代的作用。

我觉得,这主要体现在两方面:

1. 灾后的消毒

如此多的房屋建筑被地震摧毁,如此多的人在地震中丧失了生命,如此多的垃圾随地堆放,是容易滋生病菌的。如此情况下加大对环境卫生的综合整治力度是必要的,而这种整治中最重要的一个环节就应该是"消毒"了。

消毒是一种直接与病菌作斗争的方式。常见的消毒用品有:双氧水、酒精、84消毒液等。而一般消毒都是利用强氧化性的原理或者使蛋白质变性的原理。

关于强氧化性消毒,首先要涉及判断物质的氧化性强弱,而一种典型的判断标准就是把要比较的物质构造成一个氧化还原电对,然后看各自的电极电势。通常取氢电极在标准状态下的电极电势为标准电极电势,值为0,这样用标准氢电极和待测电极在标准状态下组成电池时,可测得该电池的电动势值。再通过直流电压表确定电池的正负极,即可根据 $E_{池}=E_{(+)}-E_{(-)}$ 计算各种电极的标准电极电势的相对数值。

通常在标准状态下氧化剂和还原剂的相对强弱,可直接比较 E(电极电势)值的大小。E 值较小的电极,其还原型物质愈易失去电子,是愈强的还原剂;对应的氧化型物质则愈难得到电子,是愈弱的氧化剂。E 值较大的电极,其氧化型物质愈易得到电子,是愈强的氧化剂;对应的还原型物质则愈难失去电子,是愈弱的还原剂。

例如在酸性介质中次氯酸电极电势 $E=+1.47$,高锰酸 $E=+1.50$,这就是相当高的电极电势了(电极电势 $E>1$ 就比较强了),因此具有强氧化性,所以就可以用来消毒,这样的物质使细菌很容易死亡。常见的利用强氧化性原理消毒的物品有:过氧乙酸、高锰酸钾、次氯酸钠、双氧水等。

一个特例:之所以用次氯酸钙来消毒,是因为次氯酸钙溶于水后再与空气中的二氧化碳反应,生成的次氯酸具有强氧化性,可以消毒,而不是原来的次氯酸钙具有强氧化性。

化学方程式:$Ca(ClO)_2 + H_2O + CO_2 = 2HClO + CaCO_3\downarrow$

另一个消毒原理是利用一些消毒品使细胞变性,通常主要是使细胞里的蛋白质变性。

例如75%的酒精溶液可以使细胞脱水,引起蛋白质凝固变性,对病毒、霉菌均有杀死作用,但对细菌的芽孢杀死作用较差,常用于皮肤和器具表面杀菌。甲醛($HCHO$)本是强还原剂,但是由于可以与蛋白质的氨基结合,从而使蛋白质变性,因此常用于灭菌,唯一缺点是穿透力差。硫酸铜则是利用其重金属离子可以与蛋白质中的氨基形成重金属配位化合物,从而改变了蛋白质的结构而使蛋白质变性,以达到消毒杀菌的作用。碘酒则是利用了 I_2 的强氧化性,可以与细菌中的蛋白质进行反应,从而使蛋白质变性达到杀菌的作用。

无论怎样,任何病菌都是以一定结构的蛋白质为生命载体的,这种通过使蛋白质变性的消毒剂便能很好地使病菌失去这种生命的载体,从而使其覆灭。

2. 尸体的处理

在"5·12"汶川大地震中,全国范围内共造成将近七万人死亡,而震后对这些尸体进行处理当然成了刻不容缓,也是应该给予正视和重视的事情。虽然谈这个话题会过于沉重,但我觉得还是有必要的,也是难以回避的。

尸体处理要作好喷、包、捆、运、埋五个环节,这里面也需要用到很多化学原理。

关于对尸体的处理,首先是设法消除尸体上的臭气和通过消毒把尸体上的一些感染病菌控制在一定范围之内。这时需要喷洒一定的药物,才能达到目的。即使在扒挖尸体时,同时也应该配以喷药紧密结合,尸体上可用石灰水、黑色草木灰来吸附含臭物质,也可用1%的二氧化硅与木屑混合吸附硫化氢之类的臭气,或喷洒3%~5%的来苏水。效果较好的是次氯酸钙、氢氧化钙和漂白粉混合喷洒,能很快除臭消毒。

之后对尸体的包裹,最好用标准化的专用尸袋。捆紧时则最好捆三道(头、腰、腿部),以避免尸臭的散发。然后是运出,需要用符合卫生要求的专用车辆将包捆好的尸体及时运出。

最后是对尸体的最终处理。因为尸体腐化分解后会产生气体物质(如硫化氢、氨、甲烷、二氧化碳等)和液体物质(如硫醇、尸胺、腐胺、粪臭素的液体及水等)。其中多胺类化合物总称为尸碱,包括尸胺、腐胺、神经碱、草毒碱等,具有强烈的毒性。所以对尸体的最终处理显得尤其关键。一般有两种方法:一是埋葬,在市区外选择好埋尸地点,在不影响市容环境和不污染水源的条件下,将尸体深埋地下1.5~2米,上面加盖土壤和石灰,石灰主要用来吸附尸体腐化分解后产生的气体物质;二是焚烧,国际卫生组织也曾建议鉴于尸体是感染的隐患,可以把尸体用石蜡浸泡后,主地焚化,以避免疫情的发生,而且在清理尸体时应处于焚烧点的上风处,以避免尸胺中毒。

进行尸体清理工作的人员,为防厌氧菌感染(如破伤风、气性坏疽等),必要时可进行免疫接种。

在灾难过后我们感伤亲人离逝的同时,也应该保持清醒理性的头脑,及时配合相关工作人员做好尸体的处理工作,这才会为幸存下来的人们创造出适合生存的生活环境。

当然上述两点只是灾后防护工作中比较重要的一部分而已,真正要达到"大灾后无大疫",还需要政府的统筹规划以及百姓的紧密配合。

结语:眨眼之间,汶川大地震的灾难也已经过去这么久了;很快"魅力化学"这门课也要结课了。这段时间对地震始终是心怀一种缅怀的,对"魅力化学"则是心怀一种感激。

自己这篇着重于地震中化学问题的小论文就当做是对二者一个由心的努力,使其成为自己人生又一个重要的经历吧。